U0448087

行动力简

极

LI MENGYUAN WORKS

李梦媛 —— 著

每天干好 ❶ 件事

中国水利水电出版社
www.waterpub.com.cn
·北京·

内 容 提 要

本书从自我觉醒、告别低效、持续行动、摆脱拖延和刻意练习五大方面详细介绍了如何提升行动力,以期帮助读者持续、专注、透彻地做好每一件事,促使他们的人生达到更高的层次。

图书在版编目(CIP)数据

极简行动力:每天干好一件事 / 李梦媛著. -- 北京:中国水利水电出版社,2021.10
ISBN 978-7-5226-0021-5

Ⅰ. ①极… Ⅱ. ①李… Ⅲ. ①成功心理－通俗读物 Ⅳ. ①B848.4-49

中国版本图书馆CIP数据核字(2021)第200495号

书　　名	极简行动力:每天干好一件事 JI JIAN XINGDONG LI: MEI TIAN GAN HAO YI JIAN SHI
作　　者	李梦媛　著
出版发行	中国水利水电出版社 (北京市海淀区玉渊潭南路1号D座　100038) 网址:www.waterpub.com.cn E-mail:sales@waterpub.com.cn 电话:(010)68367658(营销中心)
经　　售	北京科水图书销售中心(零售) 电话:(010)88383994、63202643、68545874 全国各地新华书店和相关出版物销售网点
排　　版	北京水利万物传媒有限公司
印　　刷	天津旭非印刷有限公司
规　　格	146mm×210mm　32开本　8印张　186千字
版　　次	2021年10月第1版　2021年10月第1次印刷
定　　价	49.80元

凡购买我社图书,如有缺页、倒页、脱页的,本社发行部负责调换
版权所有·侵权必究

前言 PREFACE

我们的心中有星辰大海,却没有奔赴它的勇气。

行动力,可以让我们从止步不前变成勇往直前。它是一种可贵的能力,掌握了它,就像握住了一把披荆斩棘的利刃,可以让我们更加坚定地向前。

行动力,也是为数不多可以通过后天努力提升的能力。

本书将从五个方面来告诉大家如何提升行动力,即自我觉醒、告别低效、持续行动、摆脱拖延和刻意练习。

很多人都会有这样的疑问,年龄会限制我们的努力吗?如何才能改掉临时抱佛脚的坏习惯?怎样才能保持思维的更新,不被时代的浪潮抛弃?

这些都是我们想要了解的东西,本书则会给出相应的答案。

高尔基曾说:"在生活中,没有任何东西比人的行动更重要、更珍奇了。"

行动力是我们人生中最宝贵的一笔财富,它能使我们脑海中广阔的蓝图变为现实,也能让我们不断地充实自己的生活。

我们要走出自己的一条路,行动力,是我们不可或缺的东西。因此,行动起来吧,你会看到不一样的风景。

第一章　自我觉醒：行动力变现要趁早

二十几岁的你，再不觉醒就晚了　　　　　　　　　003

为什么不能随波逐流？　　　　　　　　　　　　012

是执着还是放手？　　　　　　　　　　　　　　020

突破年龄，突破限制　　　　　　　　　　　　　030

智商与智慧，失之毫厘，谬以千里　　　　　　　040

第二章　告别低效：实现人生的快速进阶

撕掉自己的标签　　　　　　　　　　　　　　　053

临时抱佛脚的你，不过是把奋斗当幌子　　　　　063

精准方向，做真正有意义的事情　　　　　　　　073

秀努力不如脚踏实地　　　　　　　　　　　　　083

构建属于自己的知识系统　　　　　　　　　　　093

第三章 持续行动：从想到到做到

把握当下，合理利用自己的资源　　　　　　　105

优秀领导者需要具备的六种能力　　　　　　　114

治愈童年带来的自卑　　　　　　　　　　　　123

洞察黑天鹅事件，辨别危机和机遇　　　　　　133

第四章 摆脱拖延：行动是最好的努力

远离惰性环境，提高自制力　　　　　　　　　145

和完美主义说拜拜　　　　　　　　　　　　　154

有目标的人才不拖延　　　　　　　　　　　　164

学会高效时间管理　　　　　　　　　　　　　173

专注力：战胜拖延的强大力量　　　　　　　　183

第五章 刻意练习：找到成为天才的方法

持续行动，从想到到做到　　　　　　　　　195

刻意练习，找到成为天才的方法　　　　　206

养成自律，实现自我改变与提升　　　　　216

培养立即行动的习惯　　　　　　　　　　226

提升行动力的秘诀　　　　　　　　　　　236

第一章

自我觉醒：行动力变现要趁早

PART 01

二十几岁的你，
再不觉醒就晚了

1928年，国际数学界因为一个中国人而掀起了一场轩然大波。

故事的主角是26岁的浙江青年苏步青，他在一般曲面研究中发现了四次（三阶）代数锥面，这是数学史上伟大的突破，苏步青也因此被誉为"东方国度上空升起的灿烂的数学明星"。

数学是一门非常具有挑战性的学科，它不仅需要天赋，更需要坚持不懈地伏案研究。认真、勤奋、严谨是数学家的代名词，而苏步青少年时身上并没有展现出数学家的潜质。

这是为什么呢？

原来，苏步青出生于浙江省温州市平阳县的一个闭塞的山村中，他的父母都是面朝黄土背朝天的农民。虽然父母愿意省吃俭用供他上学，但是在县城当插班生的苏步青却总是逃课玩耍，连续三个学期成绩都是倒数第一。

在平阳县最初的三个学期里，苏步青一直都处于浑浑噩噩的状态中，他因家境贫困而不被同学待见，甚至还被排挤出宿舍，这让他愈发讨厌学习。

幸运的是，地理老师陈玉峰的一番话点醒了苏步青："别人瞧不起你，你就不读书，那别人就会更加瞧不起你，何况你读书是为了在同学之间扬眉吐气吗？这样你不仅对不起省吃俭用供你读书的父母，更对不起的是你自己！"

苏步青一时羞愧难当，但是内心却隐隐约约地意识到了读书的重要性。

之后，陈玉峰又举了牛顿的例子，他告诉苏步青，牛顿也是从农村走出来的学生，刚开始时成绩也不好，但是他奋发图强，最终成了一位受人尊重的物理学家，而那些嘲讽过他的学生却都泯然众人了。

从那之后，苏步青逐渐醒悟过来，他一改之前逃课的坏习惯，开始努力学习，后来竟以优异的成绩争取到了留学的机会。

留学回国后，苏步青到浙江大学任教。教学期间，他发表了几十篇学术论文，出版过多部数学著作，还曾担任复旦大学校长，闻名于海内外。

苏步青的辉煌人生就是从自我觉醒开始的，那自我觉醒究竟是什么呢？

自我觉醒的主要特点是认知突破，表现为对以前的生活方式、人生态度、价值观、环境适应等方面有了新的认识，即从浅层次的认知升级为深层次的认知。

人的认知是一步一步完善的，最初，我们是降生到世间的懵懂孩童，对世界与自我一无所知，但是随着年龄的增长，以及在父母、朋友、社会的教育和指引下，我们对这个世界与自我有了一个粗浅的认知。

就拿苏步青来说，他最初对学习的态度取决于同学对他的态度，当地理老师陈玉峰对他谆谆教诲之后，他在地理老师的课堂上就开始认真听讲。这是苏步青最初对学习的认知，这份认知并不坚定，而且有些过于情绪化，是一种浅层次的认知。

后来，苏步青在地理老师的提醒下，开始了自我觉醒，他开始对自己之前的学习认知产生了怀疑，并认识到它的缺陷，于是他重新思考自己对学习的态度：是为了老师还是为了自己，是为了不辜负自己的父母还是随心所欲？苏步青安稳高效地度过了自我觉醒期，最终获得了一个更深层次的认知。

端正上课态度、认真学习是苏步青自我觉醒之后的行动。通常，在我们的认知提升之后，行动力自然也会逐步增强。

我的同学小飞，当年是个拖延症十分严重的人，他在工作时总是最后一个交报告，没到截止日期就不会采取任何行动。

拖延导致小飞总在原地踏步，与他同时间进入公司的人现在的职位和待遇都比他高不少。以前的兴趣爱好也在他的拖拉之下变得越来越兴致缺失，这对他的生活也产生了不小的影响。更令人惊讶的是，他在生病时，甚至也是拖拖拉拉地去医院。

周围的人看不下去，屡次劝他戒掉拖延症。小飞虽然每次都懊悔不已，想要有所行动，可是每次都只是停留在口头上，从未落实到行动上。

小飞这种拖拉的生活习惯却在一次会议上发生了改变。

小飞的一位同事没有及时交给客户合同，导致签约中断，公司因此而蒙受了巨大的损失。会议上，公司领导层一致决定将他的那位同事辞退。

这件事让小飞受到了极大的冲击。他的这位同事是一个有轻度拖延症的人，小飞由此想到自己也曾因拖延差点儿错过了一个大单，意识到每次拖延后，事情并不是不再需要他按时完成了，相反它还被压缩在了一个极短的时间内，而这将令他更加苦恼。

继小飞对自己的拖延有了更深层次的认知之后，他又对自己的人生态度产生了质疑，觉得自己得过且过的生活态度有缺陷，并且思考接下来应该怎么做。

在扭转了自己对生活的态度之后，小飞的行动力也增强了不少，他不再是最后一个完成任务的人，到后来甚至开始拔得头筹，在大部分时间内都不再拖延了。

自我觉醒对于个人的发展十分重要，但这是一个非常艰难的过程。

首先，不满足于现在的状态。

鲁迅曾说："不满是向上的车轮，能够载着不自满的人类，向人道前进。"

当我们开始认识到现有状态的缺陷时，就会本能地对现有状态不满意，再经过思考之后，就会渐渐地走上自我觉醒的道路。

自我觉醒需要外在反馈和内在驱动力。

外在反馈是指书、电视、网络及周围事物对我们的思维产生的影响，当我们在了解到与自己截然不同的生活状态，并发现这种状态恰好符合自己的期许时，就会多了自我觉醒的一个推动力，而这种推动力又会促使我们发生一系列的转变。

比如，一些原本对自己的未来感到迷茫的青少年，他们在网络上遇到了各种各样的人，比如，认真严谨的学霸、自由随性的摄影家、沉着稳重的律师等，这时他们的内心就会出现一种憧憬，立志以他们为努力的方向。

而怎么才能够像他们一样呢？这些青少年就会开始思考自己与目标之间的差距，以及如何缩小这种差距，这段过程其实就是一个初步的自我觉醒。

而内在驱动力则是由外在反馈转化而来的，当外在反馈持续性地作用于自身时，就会促使自身产生思维与特质上的转变，比如，由懒惰变得勤奋，由自卑变得自信，由拖延变得富有行动力，或者由自私自利变得学会为他人着想，这些人内在属性的改变，就是建立在外在反馈之上，然后成为内在驱动力。

其次，自我觉醒是一段长时间持续的过程。

在最开始，我们可能会因为一些令人触动的点而产生初步觉醒，这种觉醒持续时间短、作用浅，而且没有行动力。如果这些令人触动的点消失，那么这种初步觉醒很有可能会慢慢消失，自身也会恢复到之前的无觉醒状态。

还是以小飞为例。在工作任务未及时完成时，他通常会有短暂的懊恼，但这短暂的觉醒只是初步觉醒，他并不会为此督促自己改变现状。

当受到连续性的外在反馈之后，我们的觉醒期就会延长，思考的频率与深度也会随之提升，或者在遇到类似的情况时，我们之前的初步觉醒再一次被激发出来，这样的刺激源周期性地出现，而我们的初步觉醒也会转化为周期性的觉醒。

在周期性觉醒期，我们不再只是停留在口头上说说，而是会有所行动。但是在行动时也会出现意志不坚定的情况，一般会在"之前状态"与"转变状态"之间徘徊，时而继续以往的状态，时而又朝着自己期望的状态前进。

继周期性觉醒期之后，我们又处于另一种状态——持续性觉醒期。此时，我们的行动力已经到达了巅峰，以前的状态已经远离，迎接我们的将是一种全新的生活。

最后，如何才能让自己开启自我觉醒期？

在初期我们通常是被动觉醒，在父母和朋友的引导下，开始了对自我的探索。这个时候，我们的判断力、人生价值观、生活态度都处在雏形阶段，需要别人的示范效应。在这个过程中，周围人与环境对我们的影响颇大。

后来，我们开始主动探寻自己，如果之前周围人与环境起到了一个负面作用，那么，我们在年岁见长的时候，就可以摆脱它们的影响，重塑自我人格，这是主动觉醒的过程。

而在主动觉醒的过程中,榜样的力量起到了前驱的作用。

我们在遇到自己渴望成为的人时,就可以借助他人的人生经验来进行自我觉醒。

首先,找到一个自己追求的榜样,最好是自己比较熟悉的人;其次,了解他的人生经历,将他的人生经历划分为几个重要的阶段,每个阶段以一次重大事件为起点;最后,分析这些重要阶段,列出他出现了什么样的转变,这些转变就是他的觉醒期,我们可以从他的觉醒期来得到自己的收获。

还有一种方法,那就是我们可以将自己追求的榜样改为自己,这样则是自己对自己的探寻,会让我们更加了解自己,从而更快地进入自我觉醒期。

邹韬奋曾说:"自觉心是进步之母,自贱心是堕落之源,故自觉心不可无,自贱心不可有。"自我觉醒是我们进步必不可少的一部分,它会让我们更好地意识到自己的缺陷,而后随着成长便能够渐渐充实自己的生命。

总而言之,自我觉醒是一个持续性的过程,具有一定的难度。如何走向自我觉醒的道路,就如上文所说,我们要不满足当前的状态,并畅想自己期望的生活,确立自己的价值取向,然后我们才想改变。不过,改变又是一个长期的过程,我们要完成从初步觉醒到周期性觉醒,再到持续性觉醒的转变,才能高效地度过自我觉醒期。

你想更进一步吗?如果想,那就从现在开始,努力尝试自我觉醒吧!

为什么不能随波逐流？

在独处时，你是否经常感到迷茫？

在做选择时，你是否经常被亲朋好友影响自己的决定？

在工作时，你是否一直是一个平平无奇的"隐形"员工？

如果你全都回答"是"，那么，你是想做个随波逐流而可有可无的人，还是做个富有思想而不可或缺的人？

查理·芒格曾说："随大流只会让你往平均值靠近（只能获得中等的业绩）。"

想要获得平均值以上的成就，就不能跟随别人的脚步，而应该走出属于自己的道路。

股神巴菲特在投资时，就不常跟随大众的脚步，反而总能另辟蹊径，得到丰厚的回报。但是对于普通人来说，想要做到与众不同，无疑是要忍受更多异样的目光的，而且还需要确保自己选择的是一条最为合适的道路。

什么道路才是合适的？

首先，我们的目光无法看到十年甚至几十年后的未来，因此，我们想要走的那一条路是康庄大道还是荆棘密布的窄路，这从一开始就无法知晓。走对了，你的特立独行将让你崭露锋芒；走错了，你的标新立异将使你沦为笑柄。

其次，不随波逐流并不意味着你不能跟随别人的脚步，而是应该放弃追随正在走下坡路之人的脚步，比如，一个公司的大多数员工在工作上得过且过，如果你意图合群，就必然会被他们渐渐同化。

这种"随波逐流"无异于是非常致命的，它会慢慢地消磨一个人的锐气，使其丧失进取心。更可怕的是，在这种温水煮青蛙的环境下，人会越来越坐井观天、狂妄无知。

那么，怎样才能不随波逐流、坚持自己呢？

首先，我们要明白自己为什么会随波逐流？

大多数现代人都没有选择的自由。美国心理学家和社会学家艾里希·弗洛姆曾对自由进行了分类，一类是逃离式自由，另一类是实现式自由。

逃离式自由：人类逃离政治、经济以及精神枷锁的自由。

当没有经济压力，也没有精神上的压迫（个人身心健康成长）的情况下，你究竟想要做什么？

这种情况近乎一种理想状态，更适合退休人员，对于青壮年来说，他们更看重的是实现式自由。

实现式自由：实现一定目标并充分发挥自我潜力的自由。

大部分人喜欢跟随着别人的脚步前进，最主要的原因就是不知道自己的潜力何在。当他们在自己的身上找不到与周围人的区别时，就容易丧失自我。

我的同学小佳就是这样的一个人。

小佳对自己的评价是：长相普通、学历普通、家庭普通、工作普通，认为自己身上没有闪光点。这样的认知使她特别容易被别人影响。当网上有人发布了"当代女性不得不会的三大技能"课程时，她会立即报名去学；当学习的过程中有人放弃了时，她又会一再犹豫，心里想：那个人都不行，自己也没有什么突出的能力，怎么能够学习和掌握呢？最后，小佳也跟着别人放弃了。

随大流去做一件事情，又随大流地放弃，到最后白忙活一场，什么都没有学到。

丝毫没有用心挖掘自己潜能的小佳，最后压根无法获得"实现式自由"。当她觉得自己与别人没有区别时，随大流就是不可避免的了。

德国思想家威廉·冯·洪堡曾说："人类最丰富而多样的发展具有毋庸置疑的重要性。"个人潜能正是每个人获得不同发展的前提。当人的自主性、创造性与活力有所差异时，才能体会到自己的独一无二。

这样，自然也不会有盲目从众的行为了。试想，你开朗外向，他内向谨慎，两者截然相反，又怎么可能会走完全一样的路呢？

在清楚个人的独特性之后，我们才会对所获得的信息以及别人的行为进行甄别，避免自己盲目地跟随别人。

在这里，最重要的是培养自己的核心竞争力。但需要注意的是，标新立异不等于核心竞争力。

核心竞争力意味着非你不可，比如，在工作方面，你比别人拥有更多的技能和低于平均值的差错率，这是核心竞争力的深度。

若是你涉猎广泛，也能为你增添核心竞争力，比如，公司一份文件的签署需要懂日语的人，学过日语的你就能很快地在众多同事中脱颖而出，这是核心竞争力的广度。

总的来说，比别人会得多，比别人做得好，这就是核心竞争力。

过于迷信前人的经验，也是我们随波逐流的原因之一。

人的大脑非常复杂，它由意志控制中心、自动控制中心、数据处理中心、逻辑处理中心、海马体以及存储中心等部分构成。但是即使再精密的大脑也有自己的弱势与不足。

从身体本能来说，大脑喜欢节省能量。人类从饥寒交迫的远古社会走来，在不断的进化下，身体自然而然地产生了一种自我防御机制。大脑在运转时非常消耗能量，人体为了给自己储存足够的能量，就会放缓思考的过程，在这个防御过程中，我们就容易转为低消耗的"模仿模式"。

模仿前人的行为活动模式无疑是省心省力的，当一个功成名就的人传授所谓的经验时，很少有人会拒绝并提出质疑，这些经验是否适合当下？是否符合自己的实际情况？很少有人会去思考。大部分人都会选择相信前人的经验，然后跟随着他们前进。

我的朋友曾越就是一个喜欢模仿别人的人，当他看到电视上或者网络上播放一些名人的发家史时，就想追随他们，企图和他们获得一样的成就。比如，有一个股票经纪人说某一只股票有很大的发展前景，别人都从中获利，曾越就会不惜一切代价地去购买这只股票，结果却是股票走势平平，食之无味，弃之可惜。

过度迷信前人的经验，也是随波逐流的一种，这种形式的从众，对自我成长几乎没有促进作用。

缺乏独立思考的能力，也会导致我们随波逐流。当我们无法理性客观地看待某些问题时，就容易被别人牵着鼻子走，想要知道的真相也常被我们忽略掉。

就拿网络上一篇浏览量极高的爆款文章来说，好奇心会促使我们打开链接一览究竟，而阅读完之后，我们的情绪常被里面的实例与语句给调动起来，或愤怒异常，或痛心疾首，或奋发图强。比如这篇《做到以下几点你就能延年益寿》的文章。

大部分人在阅读之后都会觉得有道理，然后迫不及待地去执行。然而，在短短几天之后就会出现一篇《错错错！这些方法不可能延年益寿》的文章，你在阅读之后，情绪又会被煽动起来，然后愤然放弃执行前一篇文章中提出的那些方法。

过一段时间之后，又会有一篇《辟谣，这些长寿方法还是有用的》的反转文章出现，那时候，你又会陷入新一轮的纠结中，到底哪篇文章才是真实的？有些人还会想，为什么我无法甄别对错？

其实，最重要的原因是我们缺乏独立思考的能力。

上面所说的爆款文章的事情只是一个普通的例子。在现实生活中，我们经常被各种各样的反转以及带着强烈立场与偏见的文章煽动，但只要我们能在冷静时回想一下，就会发现那些当初被自己奉为圭臬的内容其实是疑点重重的。

缺乏独立思考的能力只会让我们越来越从众，因此，锻炼自己独立思考的能力异常重要。

那么，怎样才能锻炼自己独立思考的能力呢？

最好的方式是，透过表面看本质，不被徒有其表的东西所迷惑。

当看见"从个人立场来看""我觉得这件事情是这样的"的话题时，我们就应该警惕自己是否会将别人的主观预测错当作金科玉律。比如，一些毫无事实依据的事情被过多的人点赞而推上网络热点，就会让这件事情看起来值得相信，毕竟大部分人都赞同了，不是吗？

但是事实可能恰恰相反，首先我们应该确定"绝大部分人赞同"这一点并不是证据，它只是一个浏览数据罢了。证据具有法律效应，而浏览数据是不具有效应的东西，我们应该做的是，认定实事求是的有效证据，而不是盲目地相信别人的话。

其次，培养自己的批判性思维能力，批判性思维的核心是质疑和反思。如果我们一味地对别人的看法全盘接受，就会给自己的行为带来不可避免的损失，而且习惯性地顺从他人的意见，到最后也会失去核心竞争力。

批判性思维的过程大概是这样：别人提出观点—你提出观点—观点之间有矛盾—寻找证据进行批判。

在这个过程中，当两者的观点有矛盾时，有人就会放弃自己的观点，但这时具有批判性思维的人就会质疑别人观点的合理性，最后将这种矛盾转化为证据的佐证。

也就是说，不要看别人说了什么，而是看别人怎么去做的。

总而言之，不随波逐流，就是为了让自己拥有独立思考的能力，不至于被别人随随便便说的话给蛊惑，然后浪费自己的精力来做一件错误的事情。

而我们应该做的，就是提高自己的核心竞争力，让自己更具有不可替代性。我们不能盲目地跟随别人的脚步，即使这个人是非常有名的人，而是应该结合自己的实际情况来择优选择自己要走的路。

最重要的是，让自己能够有独立思考的能力，这将是我们最为有利的核心竞争力。

是执着还是放手？

在日常生活与学习中，我们不可避免地会遇到数不清的选择。

是选择一个自己并不热爱但家人强烈推荐的专业，还是选择一个家人不赞同而自己喜欢的专业？是选择一份离家近的清闲工作，还是选择留在大城市里打拼？是选择继续学业，还是直接工作？是认定了自己一见钟情却触不可及的人，还是退而求其次？

这些选择无时无刻不在我们身边，当我们向前踏出一步时，选择就会纷至沓来，我们不能逃避，因为逃避也是一项选择。而人生就是一道道选择构建出的旅程，做出最适合自己的选择，如在一件事上选择"执着"还是"放手"，这是我们立足于世的关键一步。

那我们怎么样才能做出适合自己的选择呢？这其中的重点就是弄清楚自己应该在什么时候和什么方面执着或是放手。

首先，我们要明白人在什么情况下会选择执着或是放手。

在历史上选择放弃的人有很多，其中有一位著名的游泳女将弗洛伦斯·查德威克就是一个非常典型的例子。她曾在1950年第一个横渡英吉利海峡，在两年后她妄图横穿另一个海峡，再次创造一项世界纪录时，却遗憾地失败了。

原因便是，她在还剩下最后一公里的时候选择了放弃。

当时她已经游了很长时间，早已体力不支，更让她绝望的是，那天海雾缥缈，她无法看到对面海岸，无法确认究竟还要游多久才能到达终点，因此她选择了登上救生员的皮划艇。而就在她登上皮划艇后不到一刻钟，远处的海岸就浮现在了她的眼前。

当我们选择放弃一件事情时，大部分都满足以下条件：

A.畏惧前途的艰难险阻，以及看不到希望。

B.可留的后路太多。

C.个人的惰性以及难以专注的缺陷。

就像查德威克一样，海岸遥不可及，身体也快要达到极限时，很难有人会不放弃。我们无法站在更高的视角上看待问题，所以放弃总是不可避免，而只有毅力坚韧的人，才会坚持到底。

除此之外，可留的后路太多也是很多人难以坚持下去的重要原因。当一些人在工作上受到挫折时，就会有人选择跳槽去一些技术要求较低的公司。对他们来说，他们可以在这种公司较好地完成相应的工作，而且不须耗费太多精力，因此这种选择便是一条"退路"。还有些人甚至因为有足够的经济支撑或家人的变相支持，导致他可以随心所欲地放弃攻克难关，回去选择安逸的生活。

因为有太多的退路，所以即便有些人本不想放弃，可最后还是"被动"地选择了放弃。因为他的意志力以及能力都达不到坚持的要求，就好像一些刚开始参加工作的人，他们花费了大量时间去独自做一项工作，可最后交上去的结果并不能让人满意，而这时候领导的批评或许就会让他们知难而退，选择放弃。

而与"放弃"相对的"执着"则大部分满足以下几点要求：发自内心的渴求与热爱；目标明确，对坚持带来的荣誉、钱财及社会贡献度有清晰的认知；优秀的个人习惯。

在我们身边经常遇到这样的人，他们热爱自己的工作，对前景报以乐观的态度，更重要的是，他们有良好的个人习惯，比如很少有拖延症，以及容易进入专注状态等。这样的人，更容易坚持下去。

其次，我们要知道有时候执着并不是好事，放手也并非坏事。

我的朋友周季大学学的是当时的热门专业，可在他进入工作岗位十几年后，这门专业却渐渐没落，最后变成了夕阳产业。产业链逐渐被取代，他的同事感受到了危机，纷纷选择了学习其他的新技能，并且离开了这个行业，而周季却一条道走到黑，现在，他所在的公司摇摇欲坠，面临倒闭，而他也因为没其他技能，不知如何是好，现在追悔莫及。

在错误的方向上坚持，无疑是非常致命的，轻则浪费时间与精力，重则将会用一生去试错。因此，及时止损十分重要。

大部分人都缺乏及时止损的魄力，一是因为人们无法看到未来的走向，一般都是根据已有的经验猜测预估，然后根据政策以及创新来不断地调整自己的人生轨道，所以当无法"执着"时，想放弃是需要极大的勇气的，它意味着要放弃现有的一切，而往往由于沉没成本太过昂贵，导致很多人不愿意选择放弃。

那什么是沉没成本呢？

沉没成本就是明明已经感觉到这件事无法再为你带来收获，可却因为之前已经付出了太多的时间、精力，甚至人际关系，而让你无法干脆利落地选择放弃。

而之前投资得越多，之后就会越难以放弃。

正如周季一样，他大学所学的专业以及十几年的工作都在为了一件事情而奋斗，现在告诉他这项工作马上就要消失了，他就要因此而失业了，他在一时半会儿之间根本无法适应这个过程，更没有从头再来的决心。像他这样的情况其实很普遍。

而选择放弃之前所拥有的一切或者是将之前所做的一切化为乌有，这个过程的痛苦程度不亚于断臂求生。但是如果不放弃，就会有更多的损失，不管你再投入多少时间与精力，它都不会有所回报。

我们应该明白，普通人是很难通过理智来做选择的。

大部分人都会选择走捷径，而继续之前的坚持无疑是十分省时省力的，即使意识到这项工作在不久之后的未来可能会有被取代的风险，他们也可能会选择坐以待毙，而不会采取相应的行动去改变。

这些人都抱有一种"车到山前必有路"的想法，而这种想法并不适用于所有人，用更残酷一点儿的话来说，这是对自己安于现状的一种掩饰。为什么非要等到了最后才采取行动，而不是提前就做好道路的规划？

将希望寄托于命运，这需要承担更多的风险，而提前选择一条道路，会将这样的风险降低，不至于有"车到山前已无路"的巨大风险。

因此，在对的方向上执着，不要太在乎沉没成本，该放弃时就要斩钉截铁地放弃，这才是"执着"与"放弃"最好的运用。

最后，如何才能做出最正确的选择呢？这需要结合个人发展与社会环境来考虑。

根据自己的兴趣爱好来选择自己的专业与职业，这句话相信大家都很熟悉，但是很少有人能够做到。而选择的职业一旦不符合自己的爱好，有人能够从中重新探索，有人却因此一蹶不振，每天浑浑噩噩地过日子。

曾经有这样一条新闻，一位大学生从北大退学，转学到了北京工业技师学院，理由是他从小就喜欢拆分机械，家里所有的电器几乎都被他拆开过，而他因为遵从父母的意愿，所以才来到北京大学生命科学研究院学习。结果他每天都痛不欲生，在两年之后，他毅然决然地选择了退学。

有很多人都会有这样的困扰，所做的事情自己完全不感兴趣，每时每刻都在犹豫着要不要坚持、该不该放弃。其实从个人发展的角度来看，每个人都是独一无二的个体，社会上流行的或是家人所期盼的事业不可能适合每个人。

有人说"我木讷寡言，可是我却在从事销售的工作"，还有人说"我的梦想一直是当一名厨师,可是现在我却每天都在画无聊的图纸"。而当你问他们为什么还在自己不喜欢的事业上坚持时,他们又会说"我也不知道自己适合做什么""厨师虽然好,可是我不知道自己能不能胜任"。

这些人都对自己缺乏基本的认知,我到底适合什么,我能做好什么?

从个人发展的角度来说,不同性格的人所适合的工作也不同,比如一个外向的人,他很善交际,而且富有领导能力,这样的人适合销售、采购等岗位,在这些方面他具有优势。

一些高中在填报志愿时会让学生填写"卡特尔16种人格因素问卷""明尼苏达多项人格测验表"等,以更好地判断学生所适合的专业,当然,更大部分是为了帮助学生规避不适合自己的专业。

只有了解自己的人,才能选择更适合自己个人发展的职业,这样也不会在迷茫中煎熬,最后碌碌无为。

而从社会环境的角度来看,为社会贡献度大的事情更应该坚持,而一些会危害社会安全的事应该毫不犹豫地放弃。

一位老前辈曾说:"祖国需要什么人才,我就学什么。"当面临选择与诱惑时,他们都不约而同地拒绝了诱惑,选择了为社会做贡献。现在我们需要的是做好自己的分内之事。

贡献不分大小，即使是一颗螺丝钉，只要在自己的岗位上尽职尽责，也是伟大的。

当面对选择时，逃避不会解决任何问题。

在现代社会，我们中有一部分人在面对选择时，会不由自主地选择用逃避来面对。

我的同学胡阔就是这样的一个人，高考后在填报大学志愿时他随波逐流，听从父母的意见，哪怕这些意见不适合他，在工作上遇到问题时，他也会不自觉地躲在后面，而且更严重的是，在遇到困难时，他既没有选择"执着"，也没有选择"放手"，而是含含糊糊地不表态。

通常，他会沉迷于游戏或者是手机，企图当一只鸵鸟来避开所有的危险。

我们应该明白，如果一味地逃避人生所有的事情，很有可能会一直走下坡路。特别是现在的信息社会，每天都有层出不穷的新鲜事物吸引我们的目光，打一局游戏，看一部电视剧，一天很快就会过去。

人容易懒惰，而且容易沉迷在能够快速带给我们快感的事物中，而逃避无疑是将选择题交到别人的手上，并且自己要对别人造成的一切后果照单全收。

将命运的主动权交到自己的手上，才是最优解。该执着还是放弃，应该由自己说了算。

除此之外，如何平衡家庭生活与个人工作，对待工作时广泛涉猎还是精耕细作，这些事情类似于将天平两端放上物品，而微妙平衡的保持就需要舍弃一些东西，再添置一些东西。

这都是需要我们根据自己的实际情况，然后经过深思熟虑之后才能做出的选择。

什么时候执着？什么时候放手？

当我们面对选择时，一味地执着或全盘放弃，结果都是难以预测的，只有充分地了解选项之后，再根据自己的个人发展和社会环境才能做出选择。

在已经做好选择的情况下，只有发自内心的渴求，有一种缺它不可的决心，以及对未来可能得到的荣誉地位，或是对社会贡献度有了更好的认知之后，才会坚持到底。当然，你还必须满足于专注、执行力强等一系列个人能力的提升。

而放弃则是畏惧前面的艰难险阻，以及可留的退路太多，最重要的是，个人的惰性，比如容易沉迷于刺激性强的网络等，这都会导致自己还未坚持到胜利的那一刻，就已经放弃了。

最后，不管怎么样，选择权都必须要在自己的手里，逃避只会将困难如雪球一般越滚越大，到后来积聚成难以攻克的难题，这样的话，即使我们做出了选择，也会错过行动的黄金时间，可能会一无所有。

突破年龄，突破限制

在生活中，许多人都认为年轻人浮躁，缺乏经验，难以胜任一些难度较大的工作，也有人认为职场上的中年人士墨守成规，难以做出富有创造性的项目。年轻人青涩，中年人刻板，年龄似乎将职场上的人都划在一个固定的模式中。

然而，年轻人中也有领导型的人才，中年人中也有富有冒险精神的精英，年龄不应该成为限制。作为年轻人，你是否想在关键项目上一展身手？作为中年人，你是否也想不断创新，摆脱僵化的思维？

最关键的是，你想突破年龄、突破限制吗？

我表弟的领导岳吉一路顺风顺水，年轻时进入了一所好的大学，毕业后又成为一家规模不错的企业的员工。在工作上他勤勤恳恳几十年，再过几年就到了知天命的年纪，可他所在的公司却在一次事故中破产，岳吉也从公司的部门领导一下子变成了无业游民。

与手底下活力满满的年轻员工不同，岳吉在提交了多次简历之后并没有收到面试的通知，公司均以他年龄大为由拒绝了他的入职要求，最后即使他降低薪值要求，也没有如愿找到可以录用的单位。

岳吉遭遇了人生中最为严峻的一次"失业危机"。

他从一开始的随心所欲到后来的焦虑无比，他的头脑里一直回旋着"我已经40多岁了，怎么能与那些20多岁的年轻人竞争"，年龄成了他最大的限制。

而我的表弟也陷入了一个尴尬的境地，他虽然正值壮年，却缺乏经验，一些公司的招聘标准都要求有多年的工作经验，因此，他也一直没有找到合适的工作机会，年龄也成了他的限制。

我的表弟和岳吉都认为只要他们年长几岁有更多的工作经验，或者是年轻几岁，那么他们就会获得更好的工作机会。

但是事实真的如此吗？

事实上，年龄在一定程度上确实是一个限制，但是年龄却不仅仅只是一个数值，它代表的还应该是在这个年龄段你所拥有的见识与配得上的能力。

有些人20岁却如耄耋老人那样死气沉沉，有些人80岁却如年轻人般奋勇向前。

岳吉今年40多岁，但是在温水煮青蛙的企业环境中，他的能力却没有得到提升，反而停留在了最初的水平上。我的表弟24岁，却没有年轻人的进取心，也没有探索工作的积极心态，能力自然也只是一个初出茅庐的"菜鸟"水平。

许多人并不是被年龄给禁锢在原地，而是被自己的想法给束缚住了。一些年龄大的人，总是放任自己不思进取，认为创新是年轻人的事；一些年纪小的人，却没有充分利用自己的精力，每日死气沉沉，总想着跟在领导后面行动。

不管是什么年龄的人，一旦失去了好奇心与求知欲，那么他就会丧失创造价值的价值。

当我们对那些认为年龄限制住了自己的人进行了解之后，我们很容易就会发现他们遭受的不公其实并不是来自年龄，而是一种暮气沉沉的死寂，也就是创造力枯萎、好奇心丧失，眼前就只有自己的一亩三分地的死寂。

从上面的例子来看，限制你的是年龄，却又不仅仅是年龄，它包括自信心、挑战者精神、抓住机遇的能力以及心态。

挑战者精神意味着挑战更多的可能，尝试各种各样的新鲜事物，对雨后春笋般出现的高科技并不排斥，相反还非常乐于学习。

在职场上立于不败之地的人，不会被年龄限制，因为他们并没有丧失创造力，也不会处处抱怨社会对年龄的不公，而是想办法充实自己，尽量让自己跟上时代的潮流。

因此，只有保持旺盛的好奇心以及创造力的人，才能拥有挑战者精神，才不会受到年龄的限制。

高尔基曾经说过，只有满怀自信的人，才能在任何地方都怀有自信，沉浸在生活中，并实现自己的意志。

很多人在遭受过重大挫折后，如果将原因归结于年龄，那么时间一久，他们就会对自己丧失信心，以后做事就会缩手缩脚。比如，岳吉在以后的求职过程中，不敢往规模较大的公司投简历，甚至将目标放在了没有技术含量的岗位上；我的表弟也是如此，他甚至会匆匆忙忙地找一份对学历没有太大要求的工作。

在丧失了自信之后，所有的事物都会变得高不可攀，而自己也会落入尘埃之中，在自己内心深处，也不敢再做出任何改变。

此时，限制你的根本就不是年龄，而是逐渐消亡的自信心。

试想一下，当一个人已经从心底认定自己会一事无成时，他怎么可能会做出一番事业？

怎么增加自己的自信心呢？我们可以做到以下几点。

1.认可自己，接受自己是不完美的

犯错误是人之常情，若是人长时间处于一种不犯错误的状态下，不但不可能越走越高，相反一着不慎，就会落到全盘皆输的境地。

认可自己，意识到自己是一个普通人，会有缺陷也有优点，在犯错误时，要及时吸取教训，不能过分地苛求自己达到完美的状态。

2.充实自己，不要过空虚的生活

大部分人在空闲的时候就会胡思乱想，当人处于一种极度放松或是极度紧绷的情况下时，都会出现无意识的思考，当思考的方向是积极的时候，很可能只是蜻蜓点水地掠过；而当思考的方向是消极的时候，反而会一头扎进这深不见底的思维深渊中不可自拔。

因为负面情绪更容易让人沉溺。

这时候我们需要做的就是充实自己的生活，去做运动或出去看一下风景，与亲朋好友沟通，不要一直过空虚的生活，因为这样下去弊远大于利。

3.乐观向上，不能沉溺在消极情绪之中

消极情绪有非常强的负面抑制作用，它会影响我们正常的工作生活，有时候甚至会让我们控制不住自己的情绪，而对周围的人带来极坏的影响。

更重要的是，它还会影响我们的身心健康，当我们的健康受到损害时，一系列的恶果就会出现，比如，专注力下降、脾气变差等。

因此，我们对待事物应该多往积极方向去思考，不要一味地沉溺在消极情绪之中。

所以，我们可以衰老，也可以稚嫩，自信却一定不能丢。

《国语·越语下》中有这样一句话："得时无怠，时不再来，天予不取，反为之灾。"意思是，得到了机会就不能懈怠，机会一旦错过了就不会再来。上天赠予的机会如果不能紧紧握住，那么就会受到责罚。

然而，我们怎么才能判断摆在面前的是机遇，还是陷阱呢？

机遇就是你身处在一个不变的平台上，而面前出现一种可能性，它能够让你抵达更高的平台，但是从低平台到达高平台的过程是艰辛的，你需要付出更大的努力，才能在最后获得成功。

我们怎样才能抓住机遇呢？

首先,要有高瞻远瞩的眼界,对社会的重要信息具有一定的敏锐度。

细数近些年来创业成功的人才,无一不是抓住了时代的风口,最终做到了一个项目的前1%的人,他们靠的正是对社会重要信息的敏锐度,比如高科技雏形的诞生,社会改革的最新进程,从中甄别出对自己有用的信息,然后加以利用。

其次,要有配得上的学识与见地。

抓住机遇,先要对机遇进行方方面面的剖析,知道怎样去运用它。在这个过程中,一定需要与之匹配的学识与见地,因为现代社会是一个高速发展的信息科技社会,只有跟得上前沿,才能意识到璞玉与顽石的区别。

比如,在公司财务管理中有一个财务杠杆原理,它可以概括为企业对在每个季度所发生的固定成本的利用程度。如果你是一名财务管理人员,如何把握好这中间的"度",就是抓住机遇的重要一步,可是如果你没有相关的意识,可能就只能做到云里雾里,即使侥幸获得利润,也无法将之推广到更多的企业。

财务杠杆只是一个简单的例子,只有了解得越多,我们才能看到别人看不到的机遇。

最后,尽量做好手上的每项任务,以及不断积累人脉。

很多人认为即使自己碰到了机遇，也难以握住这种机遇，而他们最经常抱怨的是自己的怀才不遇，没有遇到一个肯赏识自己的领导。

但是大部分人的能力还远达不到怀才不遇中"才"的地步，可能只是有一点儿小聪明，却不是不可替代的，而且往往这样的人比普通人会更眼高手低，认为一些低级的任务不配他自己动手，一心只想接一个大单。

可是资本都是从原始积累开始的，只有先做好自己手上的任务，再一次次地进阶，才能积累更多的能力，同样，在这个过程中，你也会收获更多的人脉。

乌云后面依然是灿烂的晴天，对于心态良好的人来说，他们能从乌云中看到灿烂的晴天；但是对于心态不好的人来说，他们只能看到铺天盖地的滚滚乌云。

年龄又分为身体年龄和心理年龄，其中心理年龄又与心态息息相关。怎么样才能调整好自己的心态呢？

曾经有一个调查机构调查出一个令人意想不到的结论，就拿工作来说，一批相同专业的大学生毕业之后，如果他们继续从事同一专业的工作，那么他们的初始工资即使差得很多，最后的人生轨迹也极其相似。

但是一些新毕业的大学生总是对这些微妙的差距斤斤计较，认为别人的起跑线就比自己高出一大截，可是人生的度量衡不仅仅只是如此，没有必要因此将自己置于负面情绪的旋涡之中。

其次，意识到自己平凡却又不平凡。

岳吉在经历过一系列的求职挫折之后，不再追求领导岗位，而是决定从基本的员工做起，在勤勤恳恳工作了几年之后又再次得到了升职。

在这个过程中，岳吉意识到了自己的平凡，即使他再年轻几岁，若是一直抱着故步自封的态度去工作，那么还是会一事无成，后来他在新的岗位上不断学习、不断创新，而且本人又像长辈一样让人感到可靠，所以最终他做出了不平凡的成就。

意识到自己是平凡人，才不会好高骛远，才会脚踏实地地工作，才会不耻下问。而处于这样心态的人，往往能做出不平凡的成就。

突破年龄，突破限制。要想做到这些，最重要的是不被年龄束缚。

首先，我们不要丧失自己的好奇心与创造力，要做一个富有"挑战者精神"的人，要有攀登艰难险阻的勇气。

其次，自信是立身之本，一个连自信心都没有的人，与行尸走肉无异。认可自己，接受自己的不完美，学会在业余生活中不断地充实自己，越空虚就越容易陷入无所谓的情绪之中。并且我们要保持积极乐观的心态，不能一味地沉溺在消极情绪之中，要知道，这样不仅伤害自己，更会伤害与自己亲密的人。

再次，要有抓住机遇的能力。平时多关注一些前沿的新闻，不能被时代抛弃，还要有配得上的学识与见地，不然即使机遇到来，自己也不知道这是机会，而且不要相信"怀才不遇"这个词，做好自己的工作，最好在每时每刻都要积累人脉。

最后，保持良好的心态，这是摆脱年龄限制最关键的一步。

智商与智慧，
失之毫厘，谬以千里

大部分人都会有这样的困惑，别人比我聪明那么多，而智商平平的我还有机会追得上他们吗？

如果高智商是成功人士的标配，高智商又是与生俱来的东西，那么，我如此努力究竟是为了什么？

我知道智商很重要，可是它究竟有多重要呢？有比它还重要的东西吗？

从小到大，我们经常听到家长老师这样说："这个孩子智商高，长大之后一定有出息。"智商似乎成了人与人差距由来的唯一因素，可是事实真的是这样的吗？

答案是否定的，这个说法太过绝对，美国心理学家丹尼尔·戈尔曼曾指出，要想取得成功，20%靠的是智商，80%靠其他因素，用一句话来概括就是："一个人在社会中的地位，绝大部分是由自律、运气等非智商因素决定的。"

在大部分人的眼中，智商就是语言能力与数理逻辑能力的表现，就好比你考试所取得的成绩，这只是传统智力理论，只是智慧的一个分支，并没有展示人类智慧的全貌，这种认识是狭隘的。

近些年来，在教育领域人们越来越发现光有智商并不能保证一路都顺风无阻，因为在广阔的人生之中，还有很多的变数，这些是不能靠语言能力与数理逻辑能力来解决的。

对这些变数的处理能力，多数人依靠于那80%的非智商因素。

就比如，人际关系的处理，工作压力的释放，以及复杂的家庭事件，你可能会发现那些智商高的人将这些东西弄得一团乱麻，而有些智商平平的人却打理得如鱼得水。

世界著名教育心理学家霍华德·加德纳提出了一个多元智能理论，认为人的智慧不能仅仅由运算、记忆为主的智力商数（IQ）来决定，还应该由其他智能因素所决定。

这个理论认为每个人都有自己的独特之处，有人在空间智能上有优势，有人的强项是运动，不能仅仅用一把尺子来衡量所有的人。我们要意识到，每个人可能都是"智商"高的人。

在青年阶段，这些智能中最关键的就是人际智能与内省智能。

如何处理好人际关系？怎么才能更好地与人交流，合理地进行社会分工，或者是与他人友好合作？这就是人际智能的主要内容。

如何更好地认识自己？怎么才能了解自己的优势与短处，管理好自己，控制好自己的情绪，以及变得自律，这就是内省智能的主要内容。

取得成功，除了20%的智力商数之外，更应该注意这80%的其他智能因素。

在人生中，我们会遇到无数的困难，有些试卷上的难题可以通过智力商数（IQ）来解决，但是更多的是令人摸不着头脑的挫折，要打败挫折肯定不仅仅只靠IQ，还得靠其他因素。

朋友的同事钱跃是一个不折不扣的技术天才，他在大学期间就与团队一起开发简单的软件，一毕业就立即被一家跨国企业用高薪聘用。工作期间，他利用自己的专业技能为公司创造了巨大的利润，周围大部分人都觉得他是人生赢家。

可即使聪慧如他，生活却是一团糟。在面对工作压力时，他经常会焦虑万分，到最后竟然到了近乎抑郁的程度，而且当他设计出的软件与预期的出现一定差距时,他经常会否定之前的付出,整个人就会变得暴躁易怒。

并且他在与人产生轻微的矛盾时,到最后总能被他越闹越大,慢慢演变到无法收场的程度。

几年之后,在公司的领导竞选中,为公司做出很多贡献的钱跃却被放在了一个不上不下的位置,那些远不如他聪明的人反而坐到了比他更高的位置上。

钱跃去质问他的上司,上司苦口婆心地告诉他,他虽然聪颖过人,却受不了一点儿挫折,一旦处在领导位置,若还是一遇到挫折就用幼稚的行为来反抗,无疑对公司是十分致命的。

在现实生活中有很多像钱跃这样的人,他们的智商高于同龄人,学习任何新的技能都很迅速,可在面对工作压力、家庭变故或者是突发事件时,表现却总是逊人一筹。

加德纳在智能理论中提到的内省智能的意思是,塑造准确真实自我的能力,即认识自己、改变自己。有效地应对挫折就是提高内省智能的过程。

除了IQ(智力商数)以外,面对挫折时的处理能力又叫"AQ"(逆境商数)。智力商数与逆境商数一样重要。

从人生的广度来看,他们凭借自己的高智商获得的成就常常被逆境商数带来的失败所抵消，如果有一方面处于劣势，结果也会不尽如人意。

那么，我们应该怎样面对逆境呢？

首先，意识到逆境虽然令人烦恼，可也是一次机会。

在经济学中，有一个"单位根"增长的概念，它指在突发情况下，经济会沿着新的路径增长，而不是回到原来的位置上。比如在一次重大的公共事件发生后，人们原来的生活方式就可能会随之改变，电子商务等新鲜事物应运而生，经济出现跳跃式的增长。

逆境对于人生也是相似的道理，处理好逆境，分析失败的原因，总结失败的教训，然后在前进的道路上乘风破浪，我们的人生可能会出现一次翻盘的机会，获得的成就也会实现单位根式增长。

其次，减少自己的抱怨。

大部分人在遇到逆境时都会开始抱怨自己、抱怨别人、抱怨社会，这样的人总会被消极情绪主导，难以取得进步。

把用来抱怨的时间拿来思考应该怎么去做，才不会浪费时间。只有不知道应该做什么的人才只能在口头上抱怨，到最后一事无成。

最后，虚心接受其他人的意见与批评。

松下电器的创始人松下幸之助曾经说："能虚心接受人家的意见，能虚心去请教他人，才能集思广益。"身处逆境时，我们应该慎重看待别人的意见与批评，这些对认识自己、改变自己非常重要，因为通常在别人眼中才能看到多方面的自己，也才能让我们更好地了解自己。

除了内省智能外，还有人际智能，前者是理解认识自己，后者则是理解认识别人，即处理好人际关系的能力。

在生活中，如果我们富有同理心，能够站在别人的角度上思考问题，往往就能在自己的领域做出出色的成就。

就拿一位临床医生来说，若是他不能认真耐心地听取患者的陈述，无法对患者的疾病清楚了解，即使他医术再高，恐怕也不能成为一名优秀医生。

晋朝杨泉曾在《物理论》中说过："夫医者，非仁爱之士，不可托也；非聪明达理，不可任也；非廉洁淳良，不可信也。"意思是说，作为医生，如果没有仁德之心，就不可托付；如果不通达事理，就不可胜任；如果不廉洁淳朴，就不值得信任。

一名成功的销售人员、或临床医生，如果他们不善于与人沟通，即使有一身本领，也没有用武之地，因为没有人愿意和一个总是带着不良情绪的人多说话。

而机会大部分都是在交流中产生的，如果缺少交流，只守着自己的一亩三分地过日子，就没有上升的渠道。

怎样才能与人友好交流呢？这个话题见仁见智，有人内敛却善于与人产生共情能力，有人热情却难以交到真心朋友，单就开朗或者内向来说，每一种个性的人都有自己独特的交流方式。

这很难分个上下高低，虽然我们不能将交流方式固定在一个僵硬的模式中，但是我们必须知道人与人之间沟通的最基本准则。

第一，不要对人期望过高。

很多人都认为我对别人真诚，别人一定也要对我真诚。可是现实情况是，即使你对别人掏心掏肺，后者可能对你只是敷衍了事，更有甚者，还会不屑一顾地转身离开。

对此，我们都会觉得自己的一份真心被践踏，大部分人可能都会埋怨对方，有些人还会一朝被蛇咬十年怕井绳，在以后与人相处时，会不自觉地带有防备之心。

这些反应都可以理解，是我们的应激反应。但是一旦越过了底线，比如，不停地埋怨，不断地怨天尤人，就会后患无穷了。

其实，这一切心理落差都源于我们对对方期望过高。找志同道合的人的过程就像是一次抽奖活动，人人都盯着特等奖，但是更多的时候只能抽到末等奖，甚至有可能空手而归。

人无完人，我们却总是喜欢苛求别人，并且坚持认为，别人有义务把自己放在心上，遇事都会为自己考虑，一旦得不到这样的待遇，就可能会单方面地选择结束这段友谊或者关系，到最后却发现自己几乎斩断了与别人所有的联系。

其实，只有我们不对任何事情都抱有太高的期望，就像抽奖时不再只盯着特等奖，我们才有机会在与人交流中占据更有利的位置。

第二，要注意倾听。

有些人在沟通过程中不注意倾听别人的话，总是打断别人的叙述，并且自己在一边夸夸其谈，这种沟通很难建立良性的人际关系。

真正有效的沟通其实是双向的，像这种单向的交流注定是残缺的。在这个过程中，我们可能会遗失一些关键的信息。有人说，话说得越多，假话所占的比例就会越少。

当一个人只有寥寥几句话时，他的话可能极好地掩饰了自己内心的想法。反而是那些话说得多的人，才能更好地展现出自己的真实一面。比如一个销售人员，如果他一直滔滔不绝地介绍产品，而不注意消费者的话语反馈，到最后他可能也不会了解对方的真正诉求，业绩自然也就平平无奇了。

当我们想建立牢固的人际关系时，最好是进行双向的沟通。在这个过程中，我们需要引导别人说出自己的内心想法，而不是我们自己表演一个人的独角戏。

总而言之，在我们与人相处时，我们不能对别人期望过高，却对自己要求过低，即"严于律人，宽于律己"，恰恰相反，我们应该适当地降低对别人的期望，以高标准来要求自己，并且注意倾听，这样才能提高我们的人际智能。

而且在遇到逆境时，我们要放轻松，意识到这是一道坎，但也是一次机会，停止抱怨别人而不反省自己。最重要的是，我们要虚心接受别人的意见，这样才能提高逆境商数，从而提高自己的内省智能。

这些都是可以通过后天训练得来的。

电影《无问西东》中有一句话："如果提前了解了你们的人生，不知你们是否还会有勇气前来。"

如果高智商真的是成功的唯一秘诀，那么拼命就失去了意义。在生活中，最初智商平平无奇的人最后一骑绝尘的大有人在。其实，有人将"智商论"奉为圭臬，不过是为自己不想努力而编造的一个借口。

智商与智慧，虽只是一字之差，却天差地别。

我们立足于世，靠的是智慧，它包括智商却不限于智商，它还包括逆境商数、健康商数及情绪商数等。

就像加德纳智能理论一样，我们看重的逻辑智能不过只占了八分之一，还有关键的人际智能与内省智能等，只有各方面全面发展，我们才能不断地向前。

第二章 PART 02

告别低效：实现人生的快速进阶

撕掉自己的标签

你是否经常被束缚在别人的眼光中,不敢做出一丝一毫的改变?

当别人说你乐于助人时,你是否在以后就难以拒绝其他人的求助?

当自己被打上"智商低"的标签时,你是否就一直做个不想翻身的"咸鱼",或者因为太过在意别人的看法而无法更上一层楼?

如果对上面问题的回答是肯定的,那么打在你身上的标签就在一定程度上限制了你的发展,它切断了你更多的可能性,将你套入一个固定的模式中,最后导致你故步自封。

因此,撕掉自己的标签才是多向发展最关键的一步。

"标签"其实就是一种固定的看法。比如,一个初入社会的大学生容易被认为是浮躁的、莽撞的、不可轻易托付重任的，而一个成绩或工作表现差的人，容易认为自己是差劲的或是难以做出成就的，这些看法都是贴在身上的"标签"。

通常来说，标签可以分为外在标签与内在标签。

外在标签是指世俗的眼光，它是外界赋予自身的看法，比如父母、老师对自己的印象等。

内在标签是指自身的看法，它主要是由自身产生的，比如自己认为自己能力强大，或者认为自己乐观向上等。

内在标签与外在标签是互相影响的，就像一个人经常被别人说他不求上进，那个"不求上进"的人即使内心觉得自己并不是这样的人，也难免会对这个看法存在一点儿顾虑，在以后的生活和工作中，也会经常想到别人给自己贴的标签。

而且一旦他在某个时间段堕落，内心的看法也会从"别人在胡言乱语"转变为"他说得好像有点儿道理"，最后到"或许我就是他说的那样吧"。

这个层层渐进的过程，就是从"外在标签"演变到"内在标签"的过程。

与此相反的是，"内在标签"也可以演变成"外在标签"，比如，一个人认为自己积极向上、勤勤恳恳，这个自身看法会促使他向着上升的方向不断努力，直到做出一番成就之后，别人对他的看法也会无限趋向于他给自己定义的"内在标签"。

可是人都是不断变化的，一个现在奋勇向前的人在一年前可能是一个颓废懒散的人，一个现在消极颓废的人在一个月前可能是干劲满满的人。

不管是内在标签还是外在标签，都具有一定的"滞后性"。

如果是不用发展的眼光看待问题，我们就会被固定的标签给束缚在原地，这样会跟不上周围人的步伐。

更为严重的是，看法并不可控，一旦陷入别人的贬义目光中，如带有敌意的歧视等，会对我们的发展带来极大的危害。

除此之外，如果掉入自己的贬义看法中，如认为自己太过愚钝，根本没有机会成功等，这就会像是坠入了负能量的深渊中一样，整个人都会变得越来越消极。

而撕掉自己的标签，并不意味着不在乎别人的眼光和自己的看法，而是将这两者归为己用，让它们发挥自己最大的用处。

首先，我们要知道哪些人容易过度关注别人以及自己的眼光与看法。

第一类是经常"思维反刍"的人。

思维反刍是指在消极事件发生之后，自己对这件事进行反复、被动的思考。

比如，当一个人在工作中因为出了差错而被领导批评时，正常人的思维是"这件事情我做错了，实在是太丢人了，下次不能犯这个错误了"。或者是"我应该怎样做才能弥补这样的错误"。

而经常"思维反刍"的人则会想"我这个工作项目夭折了，我实在是太没用了，上次另一个工作也出现了这样的问题，我是不是就是个累赘"，或者是"我不仅工作做不好，生活也是一团糟，以后再碰到这类问题我肯定也是一筹莫展"。并且在以后的很长时间他都会反复地想起这件事，然后不断地进行负面思考，上述的话在他的脑海中会不断地循环播放。

对于这类人来说，外界负面的眼光和自己消极的情绪会成为负担，导致他们过度关注别人的眼光，做起事情来也会变得缩手缩脚，直到最后一根稻草将他们压倒，而那些"标签"，无论是好的，还是坏的，都会成为他们身上的烙印，无法磨灭。

那么，我们怎样才能避免经常性地"思维反刍"呢？

首先，避免"非黑即白"的偏执看法。

事物具有多样性，很少是黑白分明的，然而"思维反刍"的人却容易陷入非黑即白中。他们在做错一件事之后，常常会全盘否定自己，或者觉得自己之后肯定还会继续一败涂地。

当我们陷入无尽的消极情绪中时，要及时悬崖勒马。《道德经》中说："祸兮福之所倚，福兮祸之所伏。"失败除了会给我们带来损失外，还会带来经验，并不是只有消极的结果。

因此，我们要避免"非黑即白"的刻板看法，从多方面分析一件事，并从中找出积极的一面，这样才不会偏执于别人的眼光与自己的看法。

其次，减少情绪的影响因素。

英国政论家约翰·弥尔顿曾经说："一个人如果能够控制住自己的情绪，欲望和恐惧，那他就胜过国王。"控制好自己情绪的人，才能控制自己的思维。

当我们处于愤怒、沮丧等一系列消极情绪中时，我们会不可避免地将一切都向糟糕的地方想，如果实际上只有一分的伤害，我们的大脑也会将它夸大为十分。

这时候，上述的"思维反刍"过程也会变得更加严重。更可怕的是，如果这个人本来就有抑郁情绪，那将会很容易走向极端，甚至会伤害自己。

因此，在自己处于严重的负面情绪中时，应该避免深入的思考，因为这时候的思维往往会过度负面。此时，最好选择做一些可以让自己放松的事情，如散步、烹饪等，这样我们的大脑才不至于被负面的思维所占据。

第二类是害怕犯错误的人。

不敢有一丝一毫行差踏错的人，往往会过度关注自己身上的标签，他们想要掩饰自己身上的"负面标签"，企图保持自己完美的形象，而又想竭力维持自己身上的"正面标签"，给自己塑造一个光辉的形象。

我的朋友赵慧就是一个非常害怕犯错的人。她在工作的时候，如果有同事说她的工作方式有一些问题，即使她找到犯错的源头，也很难再重新踏出第一步，这时候她的内心想法是"万一我再次做错了，同事们肯定会嘲笑我，即使他们明里没有这么表示，暗里也一定会说"，或者是"我不能犯错，我受不了别人轻视的目光"。到最后导致她做事缩手缩脚，不敢提出任何有建设性的意见。

这主要源于她太想维持自己身上的"正面标签"，而不想有任何的"负面标签"，但我们都知道，这是不可能的事情。因为从来就没有十全十美的人，不是做事越少犯错的频率就越少。犯错误并不可怕，可怕的是永远不能踏出第一步。

水满则溢，过度关注别人的目光和自身的看法会给个人带来极大的困扰，但是如果丝毫不在意"标签"也会带来不良的影响。

只有对不同的"标签"采取不同的应对方式，我们才能真真正正地摆脱"标签"的束缚。

外在标签（世俗的眼光）分为贬义眼光和褒义眼光。

别人对你的批评或是轻视，以及指出你的缺点等是贬义眼光，其他人对你的赞许或崇拜，以及指出你的优点等则是褒义眼光。简而言之，让你难受、悔恨的是贬义眼光，让你心情舒畅的是褒义眼光。

对待这两种眼光，我们要有不同的处理方式。

明代思想家王阳明说："不贵于无过，而贵于能改过。"当别人指出我们的缺点时，我们要思考自己身上到底有没有这样的问题，如果没有自然最好，如果有就得及时改正。

只有改正自己身上的缺点，别人的贬义看法才会减少，我们也才能摆脱因为这种看法所带来的"负面标签"。

但是如果被人戴着"有色眼镜"来看你，比如对你没有来由的批评与轻视等，这时候我们如果没有能力反驳，就只能坚固自己内心的防线，让自己变得强大，这样才能无畏别人的诋毁。

契诃夫说："对自己的不满足，是任何真正有天才的人的根本特征之一。"当我们面对世俗的赞许时，若是一味地沉溺于荣耀之中，就肯定会退步。

一旦你的周围只有鲜花与掌声，你就难以更上一层楼，因为那可能就是你的巅峰了。可是向上永无止境，永远会有人向上攀登，而停滞不前的你就只能远远地被落在后面了。

我们要避免被"捧杀"，要记住别人的赞许大部分只是出于习惯性的客套，谁当真了谁就陷入陷阱之中。你的心里要有一杆秤，要做到对自己的情况有最基本的了解，凡事不能被别人牵着鼻子走。

因此，戒骄戒躁，保持一颗进取心，才是面对褒义看法的最好方式。

内在标签也分为贬义看法与褒义看法。

贬义看法是我们的不自信、浮躁等一系列缺陷，褒义看法是我们所持有的一系列优势，如勤奋认真、富有行动力等。

首先，当我们已经意识到自己有缺陷时，就不能再一错再错，而是应该找到自己的缺点，然后改变自己的态度，最后奋起直追。

我们还应该避免让自己陷入极度的负面情绪之中，毕竟从认识到自己的缺点到接受自己的缺点这一过程是漫长的，在这个过程中，我们会沮丧、会懊悔，甚至会自暴自弃。

萧伯纳说:"有信心的人,可以化渺小为伟大,化平庸为神奇。"在"认识缺陷—改变缺陷"的过程中,最不可或缺的就是自信心。

相信自己能够克服缺点,我们才会真真正正地摆脱对自己的刻板看法。

其次,在面对自身的褒义看法时,应该与上文褒义眼光一样,先认识到这究竟是货真价实的优势还是自己的一厢情愿,若只是自己的一厢情愿,就应该静下心来脚踏实地;若是真正的优势,我们就要在维持优势的基础上再接再厉,从而创造出更多的价值。

那么,究竟如何才能撕掉自己的标签呢?

最好的方法就是将别人的眼光与自己的看法物尽其用。

首先,我们要避免过度在意别人的眼光与看法,当意识到自己经常性地处于"思维反刍"的状态时,要控制好自己的情绪,不能用"非黑即白"的态度绝对化地看待问题,而是应该从中寻找积极的方面。

其次,不要害怕会犯错,"正面标签"与"负面标签"对我们来说同等重要,前者能够鼓励我们,后者则会让我们吸取教训。

当对待外在标签（世俗的眼光）时，若是贬义眼光，就应该有则改之无则加勉，若是褒义眼光，则应该避免被"捧杀"。

当对待内在标签（自身的看法）时，既要增强自己的自信心，也要竭力维持自己的优势，否则上天会在你堕落的时候更快地收走你的天赋。

学会了以上方法，相信你就能更好地认识自己了。

临时抱佛脚的你，
不过是把奋斗当幌子

很多人都喜欢在任务截止时间的前一刻开始集中注意力去执行任务，而这样做的结果是很难按时完成任务。

在当今社会，临时抱佛脚是一种非常普遍的行为，有人认为此举可以减少时间的浪费，而且最后完成的结果可能比提早完成的更好，这样做并不是什么坏事。有人却觉得这样做的坏处多多，不仅会让自己陷入焦虑之中，徒增烦恼，而且还会让自己养成越来越拖延的习惯。

也许你会说，到目前为止，曾经的数次临时抱佛脚并没有对你造成什么可见的影响，但事实情况是，如果你只是临时兴起地奋斗一刻，那么你的目标将很难实现。

奋斗是一个持续而漫长的过程，需要我们将全部精力、时间、能力、天赋投入目标之中。如果只需要付出短短片刻的奋斗就能成功时，世界上还会有那么多的失败者吗？

所有人都具有奋斗的能力，但往往只有当我们全身心地努力完成任务时，目标才会实现。

这中间的差距就是临时抱佛脚与水滴石穿般坚定努力的差别。

当你认为自己的努力总是得不到与之相匹配的成就时，你是否了解自己所做出的奋斗究竟是真正的努力还是只是一个幌子？当你认为临时抱佛脚也能获得很好的成就时，你是否能保证之后的每一次抱佛脚都能取得相似的结果？当你拼命做出努力奋斗的表象时，你究竟是真的想要做出一番成就还是只是享受别人的称赞？

只要我们需要的是真正想要做出一番成就，而不是寄希望于碰运气的临时抱佛脚，那么我们就应该脚踏实地，只有这样才能获得了不起的成就。

有人说，我已经很努力了，可还是一事无成。这种情况并不罕见，几乎大部分不甘于失败的人都会说这样的话，那就是"努力并不一定有收获"。

但是你们的努力是真正的努力，还是只是三天打鱼两天晒网的"假性努力"？

首先，我们要清楚什么是"假性努力"。

第一，有一些人，他们认为自己已经很努力了，可还是没有成就，从而得出"努力没有成效"的定论，但这其实只是为了让自己心安理得地不去奋斗的借口。

当说起"努力就会有收获"时，有一部分人会不屑一顾，他们能够举出很多个身边人甚至是名人的例子来反驳你的观点，并企图宣扬"努力就会有收获"的错误性。

但是现实情况是，努力是一个非常艰苦的过程，在这个过程中，很多人会中途放弃，只有很少的人会执着地走下去，直到完成目标。这一部分中途放弃的人很难再次奋勇直追，只好给自己找一个借口，让自己心安理得地停留在原地。

如果你也坚信他们的观点，那么在你努力的过程中，就难以发挥高水平的专注力，因为一直有一个念头徘徊在你的脑海里："那么多人都说努力不一定会有成效，那么，我还需要去奋斗吗，要是竹篮打水一场空怎么办？"如果这个念头一直不消失，就会成为阻碍你前行的绊脚石。

"假性努力"有一个显著的特点就是没有坚定的信念，或者是想要获得的成就的吸引力不如什么也不做所带来的舒适感,这样会使你在努力工作时拖拖拉拉、浪费时间,这种犹豫不决的努力就是一种"假性努力"。

第二,有一部分人努力做出奋斗的表象,其实只是享受别人的称赞,或者仅仅只是期待天上掉馅饼。

我的同事李平就是这样的一个人。他在自己的办公桌上完成工作任务的时候总是勤勤恳恳,我们几乎看不到他有任何玩乐的时候,当领导偶尔来视察时,会发现有些同事在开小差,或者是用电脑做与工作无关的其他事情,只有李平总是一如既往地在整理工作项目,领导因此都对他赞不绝口。

但是现实情况是,他每次提交的策划案都不尽如人意,虽然他每次都是一副奋斗者的模样,却只是做一个样子,大部分时间都神游天外,他只是习惯了一直做出奋斗的样子罢了。

很多人都很好奇,李平为什么会这样呢?

其实在生活中,这样的人有很多,他们知道努力奋斗是社会发展的主旋律,为了让自己不那么格格不入,他们选择用努力来伪装自己。

举一个例子,大多数人在学习或工作时,当领导或者家长一来就立刻做出努力工作或刻苦学习的模样,当他们走后就立刻恢复之前的懒散模样。

这种行为其实就是担心别人的批评，或者是享受别人称赞所带来的虚荣感，更有甚者，他们甚至欺骗自己，妄图用这肤浅的纸上努力来获得更大的成就，简而言之，就是期待天上掉馅饼，想要不劳而获。

但是最终的结果还是会出卖他们，戴尔·卡耐基说："为了成功地生活，少年人必须学会自立，铲除埋伏各处的障碍，在家庭中要教养他，使他具有为人所认可的独立人格。"如果没有独立的人格，就会被别人的不知真假的批评和夸赞引领着走上歧路，只有自立者才不会被浮云迷惑住双眼。

第三，有一部分人习惯于"三天打鱼两天晒网式"的努力，即奋斗只维持得了一时，维持不了长久。

当你没有高层次的专注力时，就总是会一时兴起地努力几天，然后又抵不住诱惑将目标抛到九霄云外，最后又因为受到了刺激而又开始从头奋斗，如此循环往复，便形成了"三天打鱼两天晒网式"的假性努力。

在这种情况下，我们知道自己的目标是什么，但是却难以持续地朝着这个目标前进。目标能够指引你的方向，确保你一直走在道路上，可是这种效率低下的努力只能让你在这条道路上以龟速前进,甚至有可能一辈子都无法完成目标。

对于一些人来说,这才是最后患无穷的一点,很多人都会有这样的时候。

有些人一直挣扎在"奋斗"与"拖延"之间,内心的焦虑感以几何倍数上升,想要改变却不知道从何处开始做起,因此一直浑浑噩噩地进行间歇性努力。

怎样摆脱这种兴奋剂式的先高峰努力、后低谷努力停止的模式,这是我们应该优先考虑的。

在认清楚了自己是否是"假性努力"之后,我们要做的就是如何将"假性努力"转化为"真性努力"。

首先要做的就是找到或设立自己的目标。

爱因斯坦说:"在一个崇高的目标支持下不停地工作,即使慢,也一定会获得成功。"远大宏伟的目标是我们为之奋斗的方向,有了它,可以更加有效地激发我们的行动力,让我们能够更快地进行工作。

在已经确立了远大宏伟的目标之后,首先要做的就是设置时间节点。

大部分人的拖延症都是源于所要做的事情没有太过明显的截止日期,比如,想要学习一项新的技能,行动仅仅只是停留在表面的想象之中，没有落实到真正的实践中去，因此就会一直停留在口头之上。

我们所要做的就是为自己的目标设置时间节点，一个或者几个都可以，这样就可以将其分为阶段性的任务，完成目标的时间进度条也会更加清晰。

其次，要排除阻碍目标实现的一切干扰因素，小到桌面上的杂物、内心的焦躁感，大到周围环境的选择、目标的合理性。这些干扰因素被消除之后，我们才能在向目标迈进的过程中更加畅通无阻。

要想踏出第一步，最重要的一点就是从宏观到微观，将目标更加具体化，即将远大宏伟的目标转变为短期可行的目标。

当远大目标遥不可及的时候，很多人就会丧失对行动的激情，最后就会不可避免地陷入"假性努力"之中，当外界出现压力的时候，自己努力一阵；当压力消失之后，又开始过着散漫的生活。最好的解决办法就是将远大目标拆解成更多细节的目标，比如，我要成为一名作家，那么具体到每天就是每天要写出一篇文章。

这就是从宏观具体化为微观的过程。

任何成就都不是一蹴而就的，需要长时间的积累。一般来说，当实现目标的过程中所付出的精力、时间越多，即"沉没成本"越高就越难以放弃，但是对于心浮气躁的人来说，他们总喜欢能够一蹴而就，直接到达胜利的彼岸，因此当收获尚且还不明朗的时候，他们很容易将之前付出的努力当成一种损失。

有人经常会想："我都做了这么多了，可还是一点儿成功的影子都看不见，那我之前所做的岂不是要浪费了？"现实情况是，这些之前所付出的努力根本不是被浪费了，而是在你潜意识里没有认识到的情况下，变成了你脚下的垫脚石。

要是你真的直接撂挑子放弃了，那么，之前所投入的时间、精力与天赋才是真真正正地打了水漂。要记住，所有的成功都不是一蹴而就的，要是能在短时间内就立竿见影，那么它的副作用一定超出你的想象。

只有长时间的积累，才会有得到收获的可能。况且在朝着目标奋进的过程中，如果你一直担忧自己所投入的时间、精力会成为一种损失，就容易变得缩手缩脚，不敢放手一搏。要知道努力也算是风险投资的一种，这取决于你所制定的目标符不符合你个人的实际情况。

如果过于好高骛远，或者是过于胆小慎微，那么所遭受损失的概率就会增大。

如果你总是喜欢临时抱佛脚，那么奋斗于你而言，很大程度上就只是一个幌子。

首先，你要区分自己究竟是真正努力还是"假性努力"，"假性努力"的人有三种特征：

一是喜欢将"我已经努力了，但是就是没有成效"挂在嘴边，但是行动力却处于谷底，这种借口只是让自己心安理得地不去奋斗；

二是只是做出努力奋斗的表象，仅仅只是为了得到别人的夸赞，或者是期待天上掉馅饼的事；

三是一种"三天打鱼两天晒网式"的奋斗，只能维持得了一时，却维持不了较长的时间。

想要摆脱这种浮于表面的"假性努力"，我们所要做的有很多，其中最重要的就是目标的设定，遵循着四步走的原则，先找到远大宏伟的目标，再设置一个时间节点，然后排除周围的干扰因素，最后从宏观到微观，找到自己最可行的一个短期目标，这样我们就能迈出第一步了。

其次，就是采取甘特图的方式，将目标的进度条可视化，使我们能够清楚便捷地知道自己究竟完成了多少任务，这样才能更好地激励我们奋勇向前。

最后，我们需要牢记的是，只有当你半途而废时，之前所投入的精力才会成为一种损失，但是要是你依旧坚定地朝着目标前进，一旦到达终点，那些所付出的努力就会成倍地返还回来。

精准方向，
做真正有意义的事情

我们都熟悉一个成语——南辕北辙，它表示行动与目的相反，因此若是朝着错误的方向走，就会距离自己原本想要去的地方越来越远，从而无法到达目的地。

对于大部分人来说，想要获得一番成就的关键在于找到正确的方向，并一步一步地精准方向，做对于自己、对于社会真正有意义的事情。

可是在这个过程中，我们经常会遇到很多问题。有时候，我们找不到适合自己的方向，即使找到了，也难以在这个方向上一路顺风地走下去。有时候，我们可能还会走不少的弯路，甚至是倒退到原来的地方。

这让我们不得不思考，怎样才能把握好方向、精准方向？

有人说，选择比努力更重要。确定好自己的方向，就是选择的关键一步，如果我们能把握住大方向不变，那么，我们取得成功的时间和机会就会大大增加。

相反，要是我们走上了错误的方向，那么就会如南辕北辙一般无法到达终点，甚至会距离目标越来越远。

没有什么是一成不变的东西，就像三十年前的朝阳产业，在三十年后可能就会变成夕阳产业，我们必须对外部环境有很好的敏锐度，才能在变幻莫测的形势中取得立足之地。

首先，我们必须要了解什么是把握不好合理的方向。

"你的梦想是什么？"

"我不太确定，这取决于我父母是怎么想的吧，或者走一步看一步。"

上述对话时常发生，"梦想"这个词，对于大部分人来说与方向无二，而大部分人对于梦想或者是方向的看法是模糊不清的，他们不知道自己想要什么，只能将责任推给父母长辈，或者是干脆奉行"车到山前必有路"的原则，不想做进一步的思考。

在这种情况下，如果找不到自己的方向，那么我们的天赋、努力、时间以及精力都将没有用武之地。跟随大多数人走，那么我们将只是平平无奇之中的一员。

要想改变现状，在复杂多变的社会中，找到适合自己的梦想之路，你可以这样做。

首先，我们要找准自己的位置，搞清楚自己究竟对方向的把握有哪些不足。

第一，大多数人对于目标更改的频率过高，不了解自己的核心竞争力。

适当地调整方向是有必要的，这会让我们规避很多陷阱，可是经常性地更改自己的方向，那么这中间就有需要注意的地方了。

有一句话叫"三百六十行，行行出状元"，在不同的领域都有杰出的人才，但是对于个人来说，根据自己的实际情况选择合适的行业才是避免走弯路的最优选择。有人在接触到新鲜行业之后，对于这个行业就会产生一种新奇感，也会对自己之前的工作产生一种厌倦，从而产生想要更改方向的念头。

一时兴起是可以理解的，但是在没有更多把握的情况下朝令夕改，不断地更改自己的方向，这是非常不可取的。而之所以会出现这样的情况，主要是因为我们不知道自己的核心竞争力是什么。

就像一个不喜欢社交的人无法胜任需要大量沟通的销售工作

一样，我们首先需要了解自己的缺陷和优势在何处，大部分人都不愿意仔细剖析自己，但其实这是我们确定方向必不可少的一步。

假若真的不想仔细地分析自己，可以在周围选择一个想要学习并且超越的榜样，从他们身上找到自己的差距和可以超越的地方，这样也能让我们更好地认识自己，了解自己的核心竞争力。或者是搞清楚自己真正想要的是什么，是想要家庭有一个更坚实的基础，还是想要在职场上更进一步等，知道这个对于我们会更有帮助。

第二，在朝着目标前进的过程中，后退的时间比前进的时间多。

只要一直往前走，就一定能够到达终点，这是很多人都认同的道理，但是有人就非常纳闷，为什么我觉得自己已经朝着既定的方向走，而且从来都没有走错路，可结果却是过了那么长时间一点儿积极的反馈都没有出现呢？

出现以上情况十分正常，也许你真的是在朝着正确的方向走，但究竟是倒退着走还是更进一步，这之间却有着天壤之别。

就像你心里虽然明知道目标是什么，但是身体却很诚实地停在原地，动也不动一下。这时候，你周围的同事与朋友都在前进，即使你没有后退，但事实上你已经被别人落下了一大截。其中的原因就是目标与行动没有在同一个频率上，前者虽然清晰明了，后者却是后劲不足，因此也会退步。

或者是前者模糊不已，后者却是精力满满，这也是没有达到平衡的状态。试想一下，如果你没有一个明确的方向，即使你每天都干劲十足，也是如同一辆没有方向盘的汽车一样跌跌撞撞。

第三，无法对周围变幻莫测的环境做出有效的判断。

在第一次工业革命之前，英国不过是一个普通的欧洲国家，但是在把握住这一机遇之后，它的经济和政治实力就大大增加。同理，还有第二次工业革命、第三次工业革命等，在这些转折点之后，都会有一批国家衰落、一批国家兴起。

对于我们大部分人来说，也是相同的道理。在现代社会，信息与技术更新换代的频率越来越高，我们再也不能只顾闷着头做事情，还需要抬起头关注周围的环境与局势，这可以使我们不被时代淘汰。

当然，我们的方向也会受这些影响而发生改变，如果我们只是一味地沉溺在自己的生活里，那么就会像这句话一样——时代在抛弃你的时候，可能连一声招呼都不会跟你打。

无法有效地判断局势与环境，这就是我们把握方向的最大不足。如果我们对未来的发展一无所知，那么，我们就会失去自己的主动权，到最后只能沦落到跟在别人身后，但是这时胜利的果实已经被先到先得者拿走了。

在了解我们对把握方向有哪些不足之后，至关重要的就是知道怎样才能弥补这些不足。

首先，追求一个目标，直到取得成功，这并不是意味着只朝着一条路线前进直到取得成功。

俗话说，"条条大路通罗马"，罗马代表着我们所要追求的目标，通往这个目标的路有很多条，大多数人都有这样的误区，认为我们只要选择一条大路一直走，就一定能够到达"罗马"。

但是现实情况并不是如此，我们并不一定非要在一条路上走到黑，我们需要记住自己的方向和目标是什么，然后朝着这个方向一直走，才有机会到达目标。这期间可能会遇到很多困难，也可能会出现前方没有路的情况，而这都需要我们自己来攻克。

在这个过程中，我们需要以"结果导向思维"为主，而不是以"过程导向思维"为主，比如，只要我们改变拖延症，专注高效地解决问题，那么我们就能达到目标。

事实情况是，因为我们有了这个目标，才会想方设法地改变我们的拖延症，提高行动力，即有了"罗马"，才有"通往罗马的路"；而不是因为有了路，才有了"罗马"。

因此，我们所要做的就是不要被条条框框所固定，不是无拖延症、勤勤恳恳、专注高效就一定能够达到目标，而是要根据方向来调整自己，因为到达这个目标需要有一定的执行能力，所以我们才要培养自己的执行能力。

其次，计划永远赶不上变化，我们需要认真地考量朝着方向前进时的变数，判断这是机遇还是危机。

在技术更迭快速的现代社会，要想不被时代落下就需要拥有一定的知识储备，但是这并不是最关键的一点，就像科幻小说《三体》中的一句话："弱小和无知不是生存的障碍，傲慢才是。"

当我们发现周围正在快速变化的时候，我们不需要恐慌，而是应该保持一颗谦逊的心，及时听取别人的意见，这样才能促使自己进步。

就像现在媒体大量播放的"5G"以及"虚拟现实（VR）和增强现实（AR）"，或者是与互联网有关的智能物流和智慧城市一样，这些尚且还是小众的内容，在未来却可能会成为主流科技。

一些基于此的行业将会如雨后春笋般拔地而起，也有一些产业会消失在历史的滚滚长河中。对于我们普通人来说，多了解这些内容只会有百利而无一害。

在生活中，我们会遇到很多这样的情况，上述举的例子只是科学技术发展中的冰山一角，更多的是一些突然而来的变数，家庭或者是工作等，它们都会成为我们前进的障碍或机遇。

我们所要做的就是不故步自封，认真听取别人的宝贵意见，或者是自己主动去了解相关的知识，这样我们才不会只按照既定的规划走，最后猛然抬头去看，发现自己的目标已经变了方向。

第三，做到可持续发展，既不过度紧绷，也不过度松散。

有一些人，他们在明确了自己的方向之后，就开始闷声做大事，甚至到了废寝忘食的地步。实际情况是，我们不可能一口吃一个大胖子，当太过于逼迫自己的时候，很多事情可能会适得其反。

大多数人都有这样的经历，规定自己在多长时间内完成多少任务，而这些任务的量并不符合实际情况，即你根本做不了这么多的任务。然而在没有达到规定要完成的任务之后，很多人就开始灰心丧气，内心的焦虑感也慢慢变大。

这些情况就是脱离了实际，就像一个世界冠军跑100米需要9秒多，你非要给自己规定8秒多，这就是不符合实际。

当然，大部分人都会犯这样的错误，要求自己完成根本完成不了的任务，这会极大地打击自己的自信心与自尊心。

除此之外，还有一部分人干脆躺在谷底，对自己的要求过低，仿佛自己的竞争对手不是自己的同龄人，而是那些正在蹒跚学步的孩童，这是另一种极端。

因此，我们要做到的是可持续发展，不要过于紧绷，也不能太过松散，否则将发挥不出我们的真正实力。

精准自己的方向，做真正有意义的事情，最主要的就是"方向"这两个字。

我们要反省自己，在确定方向的时候是不是出现了很多误区，在朝着方向前进的时候是不是绕了很多弯路。

这包括三种情况：一是更改目标的频率太过频繁，不了解自己的核心竞争力究竟是什么，也不愿意去认真了解自己；二是不明所以，在朝着目标前进的时候，倒退的时间比前进的时间多；三是无法对周围变化莫测的环境做出有效判断，导致方向出现了偏差。

我们在了解了自己的不足之后，就应该着手进行改正，要意识到追求一个目标并不是只朝着一条路线前进，我们只是确定了一个方向。更重要的是，计划永远赶不上变化，只有持有一个肯学习的态度，我们才不致被淘汰，这是机遇还是危机需要我们自己决定。

除此之外,我们还需要放宽心态,既不能给自己定高到离谱的目标,也不能放任自己躺在谷底一动不动。

只有做到了这些,我们才能精准自己的方向,聚焦在目标之上,才能做对自己有意义的事。

秀努力不如脚踏实地

自从社交媒体应运而生之后,很多人都喜欢在上面展示自己的生活、学习以及工作,这当然无可厚非。但是事实上,一部分人并不是在分享自己的真实经历,而是在努力表现出自己最积极的一面,更有甚者,在社交媒体上完完全全地虚构出另一个自己。

这个"自己"可能是个运动达人,也可能是挑灯夜战的学霸,还可能是拥有富足生活的人。然而,你越努力这样表现,就越让你远离真实的自我。

很多人在夜深人静的时候都会想,我究竟是"真认真"还是"假勤奋"?在思索之余,心中也滋生出无穷的焦虑感。

有些人甚至还骗过了自己,他们一厢情愿地认为自己虚构出来的人物才是真正的自己，然后沉溺在这场虚假谎言中无法自拔。

而现在越来越多的人想要摆脱这一困局，他们不再想在社交媒体中费尽心思地展示自己的生活给别人看，因为这不仅没有给自己带来正面积极的影响，反而让自己多出了很多的烦恼，毕竟大多数人都不愿意长时间戴着面具生活。

"秀努力"远不如"脚踏实地"更让自己有安全感，如果一味地秀自己的努力，反而会将一些朋友推远，并且对提升自己也没有一点儿帮助。因为人的精力是有限的，如果将关注点放在虚无缥缈的点赞上，那么放在别处的专注力便会大幅度下降。

我们现在要做的，就是把"秀努力"转化成"脚踏实地"，这样我们才能更有效地提升自己。

那究竟为什么会出现这些现象呢？

没有人会无缘无故地在社交软件上高频率地秀自己的努力，这中间的原因因人而异，但是有几点被大部分人承认的原因。

第一，胸中无沟壑，因此需要通过比较来获得优越感。

大部分人在网上"秀努力"的前提，都是在自己的社交圈子里有一个更努力的人存在，这个人可能经常打卡一些运动，经常分享自己的读书心得，或者是晒自己的成绩报告。

然后有人便不甘落后，因此也摩拳擦掌地想要超过这个存在。我们需要承认的是，这个出发点是好的。曾有人说过："真正的问题不在于你比过去做得更好，而在于你比竞争者做得更好。"竞争是我们进步的催化剂。

但是如果你内在没有实力加持，那么这种竞争就会浮于表面，比如，别人一天打卡读10页书，那么我就要读20页，别人学会了一门乐器，那么我就要拿奖。

若是你真的能够做到这些，那么自然是皆大欢喜，可是很多人根本做不到自己想要完成的目标，反而因为内心不愿服输，就在社交软件里伪装自己，企图通过比较获得优越感，而这样做的后果是会出现很多问题的。最致命的一点就是自己根本没有学到知识，反而会在这种竞争中筋疲力尽。

这些问题出现的前提就是误将虚假的优越感当作是真才实学，没有意识到自己的胸中无沟壑、肚中无墨水。

第二，丧失内在驱动力，不知道自己究竟为什么要做这些事情。

大部分人都会经历这样的时刻，当你准备妥当想要去做某一件事情时，比如学习或跑步，这时候只要有人在旁边催促，你就很容易泄气，甚至干脆撂挑子不干了。

发生这种情况的最主要原因是丧失了内在的驱动力,不知道自己为什么要做这些事情,当别人催促时,自己就会潜意识地将麻烦甩给对方,通常还会说:"我本来想去跑步(或学习)的,可是你一催我就不想去了。"

这只会帮助掩盖自己的懒惰,让自己的心中卸下一个包袱,从而可以更加心安理得地得过且过。

在社交软件中经常分享自己努力的动态,也是这种情况中的一种。最开始他们想要别人监督自己,可是到后来却将问题都甩给了别人,把在社交圈里"秀努力"变成一个包袱,可是却又因为习惯而割舍不下,最后导致自己秀的是"假勤奋"。

自己的内在驱动力指的是自己发自内心地想要完成这件事,是为了自己能够走向更好的人生,而不是为了得到别人的赞许。这时候是自己监督自己,而不是发在社交软件上靠别人的监督来提升行动力,因为后者只会适得其反,反而会让自己多出了一个借口。

第三,社交软件具有欺骗性,容易让人产生幻觉,把发在上面的动态和别人的点赞与评论当作自己的真实情况。

面对面沟通有很多优势,你可以通过别人的眼神和小动作来判断他们内心的真实想法,但是社交软件具有私密性和空间性,我们都不知道对面的点赞和评论究竟是他们真实的内心想法还是只是一种礼仪的客套。

因此，我们容易被社交软件欺骗，把别人的点赞和评论当作一种正向反馈。众所周知，骄傲使人落后，当我们沉浸在虚假的优越感中时，就很容易飘飘然，反而会使我们停滞不前。

更有甚者，我们会把自己虚构或者美化过的动态当作自己的真实情况，这对认识自己的缺陷并且改正产生了障碍。

作家格拉宁曾经说过，"虚伪不可能创造任何东西，因为虚伪本身什么也不是"，对于虚假的"秀努力"来说，其实它只是空中楼阁，没有一点点的基础，反而让人丧失了继续前进的动力，成了阻碍我们进步的最大问题。并且我们会对"努力"一词越来越敷衍，在温水煮青蛙之下，有人会认为努力不过是拍几张照片、发几条动态这么简单的事，这会让他们越来越背离努力的真谛，也会离自己的目标越来越远。

这就是在社交软件中"秀努力"所带来的欺骗性，这里的"努力"根本就不是真正的认真刻苦，而是一种伪装出来的勤奋。想要优越感，丧失内在驱动力以及社交软件的欺骗性，这些情况下的"秀努力"不过是伪装起来的懒惰。

对于大部分人来说，想要摆脱这些障碍需要不断地调整自己。

首先，我们要放平心态，承认千人千面、各有所长。

马克思十分欣赏的一句格言是，"你之所以感到巨人高不可攀，那只是因为你跪着"，我们需要放平心态，要相信在自己的真实努力下，那些有很大优势的人并不一定就会一直遥遥领先，我们也可以追上。

但是有一部分人不想付出艰辛努力，又想要乘风破浪，因此只能通过比较来获得优越感，这可能会让自己在并不擅长的方向上死磕，既浪费时间与精力，最终又一无所得。

承认千人千面、各有所长，我们才能真正地停下来分析自己的优势与缺陷，而不是在朋友圈里有一个人分享了自己的努力，就急不可耐地想要与其一较高下，这是非常不明智的做法。

那些努力的人可以成为鞭策我们前进的动力，而我们却不能因为他们来更改自己的方向。只有自己内在有更多的知识储备时，才不会只想通过和别人比较来获得一丝虚假的优越感。

要知道，在绝对的实力面前，所谓的优越感都不值一提。

而且通过伪装得来的优越感到了现实社会里，就会烟消云散，既然这些"秀努力"都是无用功，为何不从现在开始脚踏实地，走一步就多赢了一步呢。

其次，我们要充实自己，就要全面提高自己的道德、文化以及身体素质。

上文中提到，当自身缺乏内在驱动力的时候，我们就不知道自己为什么要做这些事情，并且容易将自己懒惰的缺点推脱给别人。

提高自己的内在驱动力就是我们攻克难关的重要一步。

充实自己，当拥有了更高的道德水平、文化水平时，我们就会知道自己究竟想要什么，简单来说，就是拥有了更广阔的视野之后，我们就不会将自己拘泥于别人的眼光之下，而是开始寻找最适合自己的生活方式。

我们之所以认为自己所做的一切是为了得到别人的赞许，是因为总是习惯于依附别人。很多人都想不劳而获，可是现实情况可能是，我们遇到的人多数都不靠谱，他们无法带领我们朝着正确的方向前进，反而会将我们带入陷阱之中。

与其将命运的抉择权交予别人来监督，还不如先尝试自己监督自己，刚开始时可能会有一些懒散的情况，但可以在后来慢慢加以改正。

靠别人监督，就会在潜意识里跟着别人的方向走，当遇到别人激烈的指手画脚时，我们可能就会束手无策，反而会丧失积极性和增加焦虑感。

而这种焦虑感其实可以通过自己默默无闻地奋斗来消除。一个人只有不断地充实自己，才不会出现别人一催促就立马失去激情的情况。

最后，认清现实，不要自欺欺人，其实自己所有的缺陷都在明面上。

孔子曾经叹曰："所信者目也，而目犹不可信；所恃者心也，而心犹不足恃。弟子记之，知人固不易矣。"意思是说，都说眼见为实，但眼见也不一定为实；都说遵从自己的内心，但是内心也常常会欺骗自己。你们一定要记住，了解一个人是非常不容易的。同样，在社交软件下，我们看见的和对方心里想的可能都不是对方想表达的真实含义。

我们要想不被别人的点赞和评论蛊惑，就必须得认清楚自己。

我们的优势和缺陷在与人面对面的沟通和现实生活中，往往都能够认识到一二。之所以用传到社交软件中的动态来欺骗自己，是因为大部分人都不忍心打破这层美好的假象。

知道自己的不足和承认自己的不足是两回事。其实，我们所有的缺陷都在明面上，因为内心的焦虑感和心虚会出卖我们的伪装，这其中的关键是看自己想不想要掩盖住这些。

看到这里，你是否会认真地思考一下，是想继续欺骗自己还是要做出改变？

所谓不破不立，只有承认自己的缺陷，我们才能有进步的空间。我们最好要做的就是删除自己"秀努力"的动态，或者是以此来激励自己，然后脚踏实地地去一步步改正自己的不足。

这个过程可能会很艰辛，但是也好过继续沉浸在虚假的美梦之中。否则等到最后被人敲醒时，我们不仅会痛苦万分，而且也会因为虚假的努力而导致自己落后，从而很难再跟上其他人的脚步。

"秀努力"不如脚踏实地，不仅是因为"秀"这个词有太多的隐患，最主要的是我们会因此而丧失了"真努力"的机会。

综上所述，我们之所以喜欢秀努力，主要是一来我们的胸中无沟壑，没有广阔的知识面，所以才需要通过与别人的比较来让自己拥有优越感，甚至不惜伪装欺骗自己；二来丧失了内在驱动力，仿佛自己所做的一切都是为了给别人看的，将货真价实的努力当作了一场演戏，这会让我们一直浑浑噩噩地生活下去；三来社交软件带有一定的欺骗性，它会让我们误把别人的点赞和评论以及自己虚构出来的动态当作真实的情况。

想要摆脱这种局面,就如上文所说,必须遵循的准则有三个:放平心态,取长补短,充实自己;然后提升水平;以及认识现实,不再自欺欺人。

我们所要做的,就是从源头上改变自己只顾着"秀努力"而不关注于"脚踏实地"重要性的错误认知,要敢于承认自己的不足,承认别人的优秀,承认所发动态的虚假。

只有撕碎了伪装,我们才能制作出新的盔甲,这样才能让我们在面对作秀时,能够坚定自己的内心,做出最正确的选择。毕竟我们想要的是货真价实的提升,而不是在二次元里掺满水分的虚假优越感。

因此,沉迷于"秀努力"只会让努力变得廉价,脚踏实地才能干出真真正正的实事。

构建属于自己的知识系统

在确立目标之后，我们就要开始建立起自己的知识储备。

只有拥有丰富的理论与实践经验，我们才能在朝着目标前进的路上披荆斩棘。而面对如恒河沙数般庞大的知识，我们需要记住"学海无涯苦作舟"这一句话，只有耐得住辛苦，才会有所回报。

对于大部分人来说，在遇到自己不懂的事情时，有人会利用自己广阔的人脉来获取经验，有人会利用互联网来检索自己想要的知识，还有一类人干脆什么也不做，这类人自然也无法得到新的知识。

更重要的是，不仅是在课本以及书本里讲述的理论是知识，在生活中学习到的人际交往以及为人处世也是一种知识，知识并不局限于文字，也不拘泥于经验。

而我们想要获得自己想要的知识，不仅需要学会"不耻下问"和"谦虚上问"，还要了解一系列获得知识的渠道。

在当今社会，人与人之间的差距甚至可以用信息差来形容。简单来说，假如你比我能够更快地学会一项新的技能，这与天赋、勤奋有关，但还与我们之间获得信息的多少有关。比如，你知道哪个网站的知识内容更全面，能够帮助我们尽快入门；而我却不知道，仍旧对怎样入门一筹莫展。这时差距就出现了，而这正是基于我们彼此之间信息的差距。

因此，如何获得我们想要的知识，这对我们朝着目标前进，甚至是前期目标的选择都至关重要。

我们获得知识的渠道有很多，除了在课堂上老师讲解的知识之外，日常生活也会带给我们很多知识。

有人说过，"见识得多，经历得多和研究得多，是学问的三大柱石"，见识、经历、研究是获得学问的关键三点。对于大部分人来说，我们的知识构造来源于以下几点。

第一，知识来源于实践，实践总结出经验。

即使是学识非常渊博的人，在面对一个陌生人提出来的某些问题时，也常会出现哑口无言的情况，这是毋庸置疑的。

因为我们的知识来源于实践，不同行业、不同国家、不同年龄的人，他们总结出来的经验是不一样的，所以每个人都会构建出属于自己的一套知识体系。而我们在面对形形色色的人时，在与他们接触沟通的过程中，其实也可以获得很多自己不熟悉的内容。

比如，一位渔夫对何时出海、何时捕鱼、何时拉网都有自己独特的经验，这些在实践中提炼出来的经验，就是知识的一种。不同环境下生活的人，都会有自己不同的解决问题的方式。

对于我们来说，多接触一些人，与别人进行沟通，这也能让我们学会一些生存的技能。千万不能小看别人，每一个人都是生活的老师。

第二，网络的碎片化阅读。

在科学技术日益发展的现代，我们获取知识的途径越来越便捷、越来越快速，这导致一部分人极度依赖搜索引擎、小视频以及短新闻。

这对于我们知识的增长固然有帮助，但是它的坏处也显而易见，最主要的就是过于碎片化的阅读会大大损害我们的理解与创造能力，让我们无法构建出属于自己的知识体系。

举一个例子，当我们在短新闻中认识到一个金融词汇时，我们只是粗浅地认识了这一个词，不知道它的起源、它的发展以及它与其他事物的联系，这就意味着我们没有办法举一反三，不能通过发散思维进行联想。

还有一种情况，我们会经常被标题党给带偏，因为标题党总是掐头去尾地讲一个故事，而我们只看到了耸人听闻的标题，在还没有了解事情的整个过程之前就容易先入为主地带上自己的感情色彩。

这就经常会被别人带得团团转。

出现这些情况就是因为我们太过碎片化的阅读，导致我们只知其一不知其二，容易漏掉信息关键的部分，这会让我们在日常生活里遇到相似的情况时，大脑一片空白。

就像上文所说的金融词汇，在换了一个语境之后，我们就会忘了它的意思，而这就是因为我们无法通过多环路径与单一路径进行追根溯源。

第三，我们日常学习工作中收集到的知识。

这是我们获取庞大知识最多的途径，当我们处于特定的环境中时，比如，在教室、办公室时，我们都在源源不断地汲取知识。或者是在一些文学著作、报纸杂志中，或者是在一些演讲、公开课里。

这些知识偏向于理论，而且太过繁杂，若是不加整理，在记忆周期中就会慢慢消失，很是浪费，对于我们如何更加有效地运用更是一种障碍。

除此之外，这些知识的获取取决于我们的好奇心。有一部分人在遇到自己不懂的问题时，会主动通过多方面途径获取知识，想以此来解决问题，但也有一部分人缺乏这种意识，他们并不会主动出击，反而想坐享其成。

这就是造成知识储备差距的最重要的原因。

不管是用哪一种途径获取知识，获得知识的多少都取决于我们本身的积极性，对于大部分人来说，这种积极性是可以通过后天培养的。后天培养最有效的途径就是将理论知识与实际情况结合起来，这样才能调动大部分人的积极性。

毕竟一味地灌输枯燥无味的理论知识，会让我们逐渐厌倦，甚至产生一种逃避心理，这是很难避免的。

只有将无聊变为有趣，才能激活我们更多的记忆突触，从而让我们的记忆更加深刻，在以后的运用中也能更快地联想起来。

因此，合理地整理它们是非常重要的一步。

只有合理地接受知识、有效地整理知识，我们才能做到"知识输出"，否则就会像茶壶里煮饺子——有口说不出。

首先，我们要做到"不耻下问"与"谦虚上问"。

被后世尊称为"药圣"的李时珍花了27年的时间，著成了192万字的巨作《本草纲目》。他去过武当山，也到过庐山，前往全国各地采集药物标本和处方。

而完成这部巨著对他最有帮助的还是"不耻下问"和"谦虚上问"的态度，李时珍在这几十年内研读了800多种典籍，可是却发现这些典籍中的说法相差极大，因此他向一些有经验的医师、药工、樵夫、渔人去求证，这才整理好了绝大部分药物。

当我们遇到没有把握的事情时该如何做，李时珍给我们树立了一个榜样，他认识到了自己的不足，并且怀着一颗谦逊的心去求问，这才能让他分清楚数以千计的药材。

但是对于一些人来说，朝比自己差一截，或者是自己认为高不可攀的人求助时，总是多了一份傲气，或者是少了一份自信，不屑或不敢开口向别人询问，这会切断自己知识的获得渠道。

其实，开口问问题并不是一件很难以启齿的事情，只要我们做足姿态，大部分人都会愿意指导，即使别人不愿意与你沟通，那么也无所谓，毕竟很多人都不具备不可替代的条件，我们完全可以通过其他途径来获得自己想要的知识。

其次，由点到面，用树状的方式来抓主干、找延伸，好让我们构建自己的知识体系。

我们都遇到过这样的情况，在搜索一本书的时候，页面就会紧跟着推荐类似的书，这些书的内容方向大体都差不多，因此，我们可以像是顺藤摸瓜一样将它们全部拎出来。

知识也是如此，在确定了主线之后，我们就可以顺着这条线来找出一系列的相似知识，然后我们所需要做的就是将这些主干的延伸部分给找出来，再将延伸部分当作一个主干来重新拉取知识体系。

这样会减少精力的浪费，还可以更快地构建知识体系。

对于各种各样的知识来说，我们最好都能够将它以这样的方式整理出来，这并不是时间上的浪费，而是通过这样做能把杂乱无章的知识梳理得清楚明白，并且会让我们的联想能力大大提升。

从一个点就能想到一个面，最后事无巨细地拉出一整个知识框架，这会让我们的知识输出水平产生质的飞跃。

除此之外，我们还需要将知识贴上标签，让我们在检索的时候更加便捷。

在图书馆中，所有的书都会分门别类地放在不同的地方，这样会减少我们找书的时间，大到图书馆，小到自己的笔记，以及自己脑海中的知识，为它们贴上自己的标签都是一个省时省力的行为。

我的朋友李吉就经常苦恼，他觉得自己的知识量很丰富，在与别人谈论一件事情的时候，明明这个观点自己曾经看到了，但是在交流的过程中，他却什么话也说不出来，到最后变得沉默寡言。

我明明知道这个观点，但是在那一刻我就是想不起来，这种情况非常常见，大部分人都会有这样的困扰。那么，为什么会出现这样的情况呢？

其实，最大的原因就是无法清楚地划分自己所拥有的知识。比如，当我们浏览到"唐朝经济"相关的内容时，没有将它更深刻地划归到这一大类中，这导致我们在知识输出时，其实是在对自己脑海中的所有知识进行检索，而不是对一部分进行重点检索。

当别人说到"唐朝经济"时，我们的大脑就应该关注到这一重点，然后想起这个重点下的水利事业发达、手工业发达等延伸出来的内容。

其实就是找到"主干"，然后延伸到主干下面的"分支"，就像是一棵参天大树，只有拥有坚实的主干，那些分支才能肆意地生长。

拥有丰富的知识储备固然重要，但是若是不能将这些知识化为己用，那么它的价值也无法显现出来。

我们获取知识的渠道有很多，可以通过老师、家长以及长辈的教导获取，还有"实践出经验，经验是知识"的广大群众，他们的身上也有我们学习的地方，以及在课堂、办公室等学到的理论知识，这都在无形中帮助我们打好坚实的基础。

可是还有一个问题，那就是过于碎片化的阅读会让我们的理解力、创造力下降，就如同盲人摸象一样，有人觉得大象像柱子，有人觉得大象像蒲扇，这都是无法全面地看待问题，导致我们观点的狭隘。

如果自己没有太大的知识储备，就不会有引以为傲的创造力，更不会走在别人的前面。

第三章 PART 03

持续行动：从想到到做到

把握当下，
合理利用自己的资源

资源，就是我们所拥有的财力、物力、人力以及情感。

在生活和工作中，我们无法逾越的绝大多数障碍就来源于资源的不对等，有些人喜欢怨天尤人，却不能够低头看看自身到底还有多少未来得及挖掘的资源，有些人虽然处在天时地利人和的环境里，却无法有效地利用它们，因此将自己的资源白白浪费，最后满盘皆输。

大部分人都会想，应该如何将自己所拥有的资源最大化地利用起来，如何获得更多的资源，如何与别人置换资源，如何学会对资源的取舍？

将自己的资源真真正正地化为己用，是我们所追求的。人力资源、物质资源及我们看不见的隐形资源，这都需要我们去发掘，只有更清楚地知道自己当下拥有多少资源，我们才能够更好地发挥自己的优势，规避自己的短处。

可能有人会问，人与人之间的资源差距非常大，我们应该如何正视一些先天的、无法弥补的差距呢？还有人会有这样的疑问，拥有更多的资源就能获得更好的结果吗？那么拥有极少的资源就一定会被别人甩下吗？

其实，关于这一点不能一概而论。在生活中有很多人，他们把"一手烂牌打好"，但同样也有人将"一手好牌打烂"，两者的资源最初的差距不可谓不大，可后期所获得的成就也是天壤之别。

我们所要做的，就是把握当下，合理利用自己的资源。

我们往往对于自己所拥有的资源都会有这样的误解，认为只要是自己所拥有的，那么就一定要紧紧握住，不敢做出舍弃；对自己所得到的资源无比厌弃，恨不得将其远远丢弃，眼不见心不烦。

就拿家庭资源来说，有些家庭和睦，可是父母却对孩子管控过严，孩子做的每一步都必须要符合家长的心意，甚至这种控制已经到了一种病态的程度，这导致一部分人必须紧紧依附家庭才能生活，而这部分人也就是我们所说的"巨婴"。

这类人就属于第一种人，他们紧紧地握住自己所拥有的家庭资源，不管是精华还是糟粕都照单全收，既想要父母无微不至的照顾，也接受了父母行为激烈的控制欲。

第二类人则恨不得远离家庭，与父母减少联系。

这两种情况都是极端的，不值得提倡。现实情况是，我们所拥有的资源其实是好坏混杂的，如果照单全收或是全盘否定，都会让我们损失很多机会。

不只是家庭资源，还有职场资源，我们需要用一双明智的眼睛来分辨，哪些是需要我们舍弃的，哪些是需要我们珍视的，如果像上面两类人在面对家庭资源时那样过于绝对，前者会让我们丧失拼搏进取的勇气，后者则会让我们失去一个可以回头的避风港。

平衡好自己所拥有的资源，我们才可以减少束缚。

其次，我们能换取的资源取决于自己的能力以及对等的资源。

有些人认为自己是一匹千里马，总有一天会有伯乐找到自己，然后就可以青云直上，取得惊人的成就。

但现实却是在很长一段时间内，都没有慧眼识珠的人看中他，因而他会非常纳闷："我明明都这么优秀了，为何那些人脉资源都没有我的份？"

其实，对于大部分人来说，我们所能够得到的资源都取决于自己的能力以及对等的资源。简单地说，就是你若盛开，清风自来，若是你有优异的履历，那么想要得到别人的垂青便不是难事，但你若是整天无所事事，却认为自己怀才不遇、怨天尤人，则很难有与优秀的人接触的机会。

因此，资源就是一个换取的过程，人际资源并不是你认识多少名人，而是在于这些名人在必要之时能否拉你一把。

但是，这种资源的兑换虽然是对等的，却并不是固定的。比如，你虽然没有我的人脉广，但是你谦逊的品格、超强的执行能力和专注力是我所欣赏的，那么我们之间也可以进行等价交换，只要你身上有闪光点、有独特之处就行。

总的来说，就是几乎没有"天上掉馅饼的事"，我们需要提升自己，然后才会有换取资源的可能，而且大部分人的能力都没有达到怀才不遇的程度，资源是需要我们一步一步积累的，不能将全部的希望寄托在别人的身上。

光靠想，资源不可能就朝你飞奔而来，只有自己跨过艰难险阻，才能够找到资源。

最后，我们需要明白，并不是拥有更多的资源就能够取得更好的结果，同理，并不是资源匮乏的人就会久居人后。

给你优渥的生活，或者是令人羡慕的工作机会，你没有把握住，反而用这些优越的条件花天酒地，在其位而不谋其政，这也会被资源剧烈反噬。

现实生活中有很多这样的人，他们可能在年少时拥有令人瞠目结舌的财富，或者是丰富的人脉资源，但是却没有把握住这样的机会，在人生中不断下滑，反倒在最后穷困潦倒。

这些是我们需要铭记的教训，有一句话说，"当你不再努力的时候，上天会用更快的速度收走你的天赋"，资源也是如此，假如你拥有强健的身体、聪慧的脑袋以及和睦的家庭，可却没有珍惜它们，那么，上天也会用更快的速度收走你的资源。

而当我们在最初只有匮乏的资源时，比如虚弱的身体、平平的智商，或者是负债累累的家庭，也不能就因此而断定自己的未来会依旧如此。因为机遇与危机是并存的，只要你肯脚踏实地、拼搏进取，总有一天，你的资源也会和别人持平。

我们还要注意一点，资源是好坏夹杂的，存在对等交换以及拥有的不确定性。

那么，我们怎样利用这些特点来把握当下，最大化地利用自己的资源呢？

第一，我们要学会对进行资源取舍。

在经济学中有一个概念——机会成本，指在利用一定的资源获得某种收入时所放弃的另一种收入，简单来说，如果你在一天中只能做一件事情，而你选择了打游戏，放弃了工作，那么，这个被放弃的工作就是机会成本。

而工作与打游戏所带来的收益不同，所以用有限的时间做更有用的事情就是资源利用最大化的要点，即实际收益必须大于机会成本，资源才能够得到最佳的配置。

因此，当我们在几件事情之中选择究竟做哪一件事情时，要考虑到它的机会成本。比如，我打了一天游戏收获了什么、损失了什么，工作了一天收获了什么、损失了什么，然后再进行比较得出最优解，这样才能够最有效地配置资源。

毕竟人的精力、时间、人脉和财富都是有限的，只有配置得当，才能发挥最大效益。

第二，学会置换资源——等价付出，增多收益。

世界上没有免费的午餐，一物换一物才是最普遍的现象。大部分人都遇到过这种情况，当别人没有来由地赠予你礼物时，你可能会变得坐立不安，冥思苦想这究竟是为了什么。而如果彼此之间并没有过太深入的交流，那么你心中的疑惑就会更深，甚至还会退还所收到的东西。但是如果你曾经对别人有过帮助，则会心安理得地收下对方所赠予的礼物。

这就是资源交换的最主要特征——"等价付出"，只有当彼此实力相当、能力相当或者是性格脾性相符的时候，我们才能够在一起交换资源，若是过于不对等的关系，那么可能就会出现后患。

当然，我们的态度、行动以及能力就是资源交换最好的敲门砖，当我们得到别人的赞赏或是升职加薪的时候，这些资源的提升都是基于我们身上的闪光之处交换而来的，最重要的是，彼此情感上的共鸣也是可以逾越很多障碍的。

除此之外，当我们身上并没有值得驻足地方的时候，就需要提高警惕，提防隐藏的陷阱，最好不要对"天上掉馅饼"抱有侥幸心理。

毕竟，只有等价的付出才会换来等价的回报，一些贪图小便宜的行为非常危险。

第三，学会将资源有效地结合起来。

我的朋友周数有很多各个行业的朋友，而他本身也是一个左右逢源的人，有人称他为"做一个项目交一群朋友"，意思就是他每次在与人合作的时候，就能够交到一群好朋友。

将工作与人脉结合起来，就是在工作的时候也可以进行人脉的拓展，同理，在与同事竞争的时候也能收获友谊，在进行常规工作的时候也能出现创新。

我们的资源其实就是人际关系、个人品质与能力，以及个人的财力、物力等方面的资源，它们之间是可以相互结合的，比如在处理人际关系的时候提升自己的个人能力，或者是在个人能力提升的同时收获财力、物力，再或者是利用个人的物力与财力获得人际关系。

这其中我中有你、你中有我，并不意味着在一方面提升就只能拘泥于一个方面，只要我们肯把握住自己的优势，那么也能够在其他的方面获得一席之地。

除此之外，当自己真诚待人，努力做好自己的分内之事时，我们也可以获得意想不到的成功。想要结合资源，这没有什么固定的公式，只有我们将自己所拥有的东西做到最好，才可以有更多的选择权。

将自己手中的资源有效地结合起来，是我们将利益最大化最有效的途径之一。

每个人所拥有的资源都是不对等的，而我们也都是独一无二的，所以我们完全可以根据自身的情况来使用自己所掌握的资源。你要相信上帝在给你关闭一扇门的同时，也会给你打开一扇窗。

有效利用自己手中的资源，首先就是不能对自己所有的资源照单全收或者是全盘否定，毕竟这其中好坏夹杂，正如"甲之蜜糖，乙之砒霜"，我们得根据自己的实际情况进行取舍，要学会评估机会成本，不能为了一棵树放弃了一片森林，更不能为了贪图舒适，不肯跨出第一步。

其次，我们要知道资源的换取取决于自己的能力以及对等的资源，如果你只有一分钱，你就很难获得一亿元的投资，而如果真的有一亿元的投资朝你奔来，那就应该立即思量自身到底有没有对等的价值，不然以后可能会有很多麻烦。

最后，不是拥有更多的资源就能够得到更好的结果，也不是没有资源就一定没有未来，要相信人定胜天，只要我们肯付出更多的辛劳，即使是最深的马里亚纳海沟也有机会可以越过。

把握当下，将自己拥有的资源最大化地利用起来，我们才能更好地朝着自己的目标前进。

优秀领导者
需要具备的六种能力

对于大部分人来说，拥有一个好领导是职业生涯进步的关键，而有一个差劲的领导则很可能会让自己多走一些弯路。

领导，顾名思义就是领路人与指导者，他负责在关键时刻为初出茅庐的学员指引方向，或者是以身作则指导别人人生的规划。当然，随着时间与经验的累积或者是在群龙无首的情况下，一些人就必须要站出来成为一个领导人。

团队可以缺少很多东西，但唯独不能缺少领导者，同时，在一个团队中，人人也都有机会成为领导者。

当你看到这里时，可能会认为自己经验浅薄、能力不足，恐怕难以领导一个团队。这种情况是非常正常的，没有一个人天生就是领导者，但也没有人永远没有机会成为领导者，小到一个家庭，大到一个公司，都需要一个领导者，而这个领导者就从我们之中诞生。

当然，成为一个领导者也是需要满足一些条件的，一个好的领导者能够力挽狂澜，一个差的领导者在错误的决策下，也能让一艘牢不可破的船毁于一颗螺丝钉的松懈，两者之间的差距足可以让同一个公司走上截然不同的道路。

所以，不管我们是在一个小家庭中，还是在一个大公司里，要想让自己少犯错误或是能够将自己的决策有效地执行下去，最好要满足以下六种能力。

第一，不能"严以律人，宽以待己"，要做好带头作用。

有些人在领导别人的时候，总是对于别人细微的错误非常严苛，对自己犯的错误却视而不见，用一句老话来说就是"严以律人，宽以待己"。

对于领导者来说，如果对自己太过放纵，不懂得反省，却恨不得将犯过小错误的手下钉在耻辱柱上，是很难让其他人心悦诚服的，也很难让他们给你提出什么建设性的意见来。

俗话说，"良药苦口利于病，忠言逆耳利于行"，当你对别人严苛、对自己放纵的时候，就已经阻断了别人进言的机会，因为别人对你的信任已经土崩瓦解，也很难再有想让这个团队一同进步的想法，这样一来，团队出现错误的概率将会大大增加，甚至连"亡羊补牢"的机会也会失去。

总的来说，就是你这个领导者的能力存在问题，员工工作的积极性才会渐渐消失，如果不想走上这条温水煮青蛙般的错误之路，就不能"严以律人，宽以待己"，而是应该"严以律己，宽以待人"。

对于犯了一些小错误的手下，首先要督促其改正，并给予一定的鼓励与理解，如果他再次犯错，再考虑其他的措施，最好不要在第一次犯错时就让别人受到与错误不相匹配的批评。

最重要的是，自己要做好带头的作用，俗话说，"兵熊熊给一个，将熊熊一窝"，一个将军愚昧，这支军队就会愚昧，如果自己总是没有将公司的规章制度放在眼里，那么就很难真真正正地约束得了手下，同样，领导者的执行力与自律也会在一定范围内辐射到手下，也能让其受到督促。

第二，善于总结经验，不断进步。

如果将一个团队比作一艘乘风破浪的大船，那么领导者就是掌舵之人，那些之前犯过的错误就是水中的暗礁，机遇与危机就是海上变化多端的天气。

作为一个掌舵之人需要时刻牢记那些暗礁所在之处，还需要根据时节与经验来判断变化多端的天气，否则就有可能撞到暗礁，或者是受困于恶劣天气，无法到达对岸。

不会总结经验的人，他之前所经历过的事情都只是一闪而过的瞬间，也就是说对他的成长没有起到任何的帮助，苦难没有成为他的经验，成功也没有成为他可以借鉴的对象，这样的话，经历对他就没有任何意义可言。

作为一个领导者，如果不会总结经验，下场可能比普通人还要惨，因为每一个决策都需要大量的、可借鉴的案例来支撑，这样才能提高成功的概率，否则那些轻率做出的决定极有可能成为隐患，失败的概率也会相应增大。

如果领导者走上了歧路，那么他的员工大部分也会追随着他，也会让更多的人为他的错误买单。

因此，我们要从错误与成功中不断地总结经验，每一处的经历都是一笔宝贵的财富，但都需要别人用心去挖取。

第三，在决策时要斩钉截铁，保持自己的威信。

在拳击比赛中经常出现这样的情况：当一方犹豫不决的时候，另一方就会直接攻击他的弱点，直到将他打倒，即使犹豫的一方处于优势地位，一着不慎也可能满盘皆输。

这中间起关键作用的就是犹豫。我们都知道在做一个决策的时候，通常都会经历一个推翻重建、再推翻再重建的过程，在这个过程中我们有很多的时间和精力来考虑，但是在最终做决定的时候必须要斩钉截铁，不能有丝毫的犹豫。

因为这个时候的犹豫就会成为你的致命弱点，试想一下，你在签订一项合约的时候突然犹豫不决，你的合作伙伴会怎么看你？你的员工又会怎么看你？

他们很可能会认为你的能力是不是被夸大了，怀疑你究竟是不是一个好的领导者，在以后遇到困难时，你的信誉度也会大打折扣。当一个健康无损的人在面对一头鲨鱼时，双方开始对峙，这时候对人来说还有一丝逃生的希望，但是当这个人的身上出现了一个伤口时，鲨鱼就会顺着血腥味将人置于死地。

在决策时你的犹豫不决就会成为一块伤口，这就是最致命的弱点。

因此，当我们在做打算的时候可以适当放缓下来，不断思考，但是在我们做最终的决定时最好不要有过多的犹豫，因为这时候你的犹豫会被别人看在眼里，这会大大降低你的领导力。

第四，人们通常愿意追随比自己强的领导者。

我们知道，人都有一种"强者效应"，即在遇到能力比自己强的人的时候，在内心会不自觉地产生一种自卑感，也会对强者产生崇拜之意。

在这个过程中，他们对**执**行强者所做的决策与命令会表现出更多的心悦**诚**服，但是在面对能力较弱的领导者时，他们会不自觉地对命令产生质疑，甚至在执行任务的时候多了几分心不甘情不愿，这会导致工作效率**降低**，工作积极性也会大大削减。

在过去，信息传播不发达，大部分新入职的员工很少会知道领导的水平，**但现**在，随着交流的便捷，对领导者的水平也会有更多的了解，这时如果一个领导者的能力不足，他将很难领导自己的员工，并且**领**导者的追随者也会越来越少。

因此，在自己要成为一个领导者时，能力是最重要的，虽然光凭能力做事可能会一叶障目，但是如果没有能力，其他的一切都是无根之萍。

领导者的高水平虽然不一定能提高整个团队的工作水平，但是领导者的低水平却一定会降低整个团队的水平，这就像"短板效应"一样，能装多少水取决于最短的一块板，对于领导者来说也是如此。

第五，适当地下放权力、提携后辈，不要独揽所有的成就。

当领导者到了一定的高度时，如何传承就成了最大的问题，没有人会想所有的成就在自己的手中出现断层，即没有可以继承之人。

罗斯福曾经说过："一个最佳的领导者，是一位知人善用者，而在下属甘心从事其职守时，领导要有自我约束力量，而不插手干涉他们。"作为一个领导者，知人善用并适当提携后辈也是重中之重。

适当地下放权力，在自己还有能力的时候严格督促后来者，将他们培养成接班人是后期最为重要的工作，因为这会避免遇到"秦二世而亡"的悲剧。当没有人可以继承你的事业时，之前苦心打下来的基业也会烟消云散。

除此之外，一个领导者未必事事都要亲力亲为，因为不仅自己的精力有限，员工们也会心生怨言，他们的能力既得不到锻炼，也没有上升的机会，难免就会丧失斗志。

大部分人都觉得跟随一个能力强或者是声望高的领导者时，能力会得到提升，对以后的发展也有好处。但是当没有好处，只剩下害处的时候，这个领导者也会受到牵连，甚至在最后会变成一个孤家寡人。

不独揽成就也是领导者的能力之一，大部分人都不能否认团队所有人的重要性，只靠一人是很难创造出伟大成就的，如果否认了团队之人，甚至是最默默无闻之人的努力，也可能会后患无穷。

第六，适当激励员工，让他们获得正反馈。

我们都知道，追随者的积极性是执行力最好的加速剂，当一个团队对完成一项工作项目失去了热情时，这个项目的质量很可能会降低，甚至会烂尾。

此时最好的方式就是适当地激励他们，让他们拥有更高的积极性，这也是大部分公司设立奖金奖赏制度的原因，但是作为一个领导者，除了金钱上的鼓励之外，在职业生涯中精神上的鼓励也极为重要。时间短则几天，长则一辈子，这也是教育学中"鼓励教育"的关键。

印度诗人泰戈尔曾经说："当我们大为谦卑的时候，便是我们最接近伟大的时候。"有些领导者错误地认为不断贬低员工，会使他们服从于自己的威信，这种做法是极不可取的，尤其是对于一个伟大的领导者来说，只有自己拥有一颗谦卑的心，对员工的优点适当地鼓励，才能得到他们发自内心的尊重。

而员工得到了精神上的正反馈之后，他们的积极性也会大大提高，这会让他们在面对工作时有更多的归属感，也会毫无保留地付出自己的努力，但是如果他们得到了精神上的负面反馈时，比如无穷无尽地贬低和打压,他们就不会尽心尽力地去做事情,反而会绞尽脑汁地逃避自己的责任,也不想履行自己的义务。

一个优秀的领导者,必须要具备很多条件,他可能不是最有经验的人,也可能不是能力最强的人,但他必须是最适合领导别人的人。

治愈童年带来的自卑

对于很多人来说，他们的自尊心总是在受到伤害。有些人可以将伤疤变为刀枪不入的盔甲，有些人却只能将伤疤变为软肋。

有一句话说："不幸的人用一生来治愈童年，幸运的童年让人一生受益。"可见，童年的精力与情感的获得是我们以后自尊心与自信心的来源。

缺乏自尊心与自信心的人，会在面对困难时处处被动；而自尊心与自信心强大的人，则大概率会拥有迎难而上的勇气。在心理学中，有一类创伤最难治愈，也最容易获得，那就是缺陷童年带来的性格缺陷。

有很多人受到来自家庭的伤害，父母在他们幼年时给予的言语、身体、心理上的暴力，在潜移默化的过程中，导致了性格的缺陷，使他们在以后的学习与工作中会不自觉地被这些缺陷牵着鼻子走。

有些人将每次遇到困境时的退缩当成自己能力的不足，而没有意识到这其实是缺陷童年所带来的性格缺陷，有些人知道并不是自己能力不足，而是性格缺陷带来的问题，因此想方设法要摆脱这些缺陷。诚然，这中间的一部分人成功了，一部分人却失败了。

成功的人成了一个由自己主导的个体，失败的人却依旧在缺陷童年里挣扎，这种挣扎并不只是局限于自己一个人，它很可能会让自己的后代重复这个过程，就像一个人不想成为自己父母那样的人，却发现自己越来越变成了他们的样子，而自己的孩子也在成为下一个自己。

因此，从现在开始，用有效的方法来治愈缺陷童年才是当务之急。

有人并不知道什么样的童年能给自己带来危害，我们可以通过家庭行为模式来分辨，家庭在对待子女时的语言、心理暗示等构成了家庭行为模式。

我们经常会听到这样一些话："妈妈这么做都是为了你好，如果你不好好学习/工作就是对不起我。""天下无不是的父母"

等，在我们的潜意识里或者是在现实生活中，对此我们无法反驳。

但是这些话真的就是正确的吗？其实，就拿"天下无不是的父母"这句话来说，说得太过绝对，而且本质上是期望我们能够尊老，而不是无条件地相信父母所有的事情都是正确的，其次，"父母这么做都是为了你好"，这句话我们并不能全盘否认，但却容易让我们产生一种负罪心理，如果不好好疏导，在我们遇到困难的时候就更容易一蹶不振，过度的期望对于我们来说是负担，过度的爱也是如此。

在各种各样的家庭行为模式中，言语上的讽刺与挖苦，或者是没来由地贬低让我们饱受伤害，在心理上无尽地压迫与驯服会让我们难以真真正正地成为一个独立的个体，还有一些身体上的折磨或虐待也让我们难以忍受。

"言语—心理—身体"这三个方面相辅相成。很多家长并不会直截了当地跟你说"天下无不是的父母"，但是他们的种种话语会佐证这个观点，在语言之外还有心理与身体上的控制，这些则是有害的家庭行为模式。

这些构成了缺陷童年，而缺陷的童年会导致性格缺陷。

在身体上受到的伤害，大部分是来源于父母自身的无处释放的压力与疲惫，以及孩子对他们以往权威进行的挑战，当达到一定的限度时，父母就会将自己的压力转嫁于自己的孩子，若只是偶尔为之并不会对以后造成太大的影响，但事实上，这却是一个长久的过程。久而久之，当孩子长大之后，这种阴影可能会一直伴随着他们。

而这样做的最大坏处就是让他们丧失安全感，无法与人建立亲密关系，甚至会常常处于一种会被人伤害的错觉之中。

在语言上受到的伤害，大部分是来源于父母的贬低，缺乏鼓励的话，以及毫无根据地将孩子的个人思想抹杀，有些不经意的话也能使孩子蒙上一辈子的阴影，即使父母当时没有意识到严重性，后期也会反受其害，因为孩子的进步是一个"模仿"的过程，也就是说父母的言语会折射到孩子的身上，这会导致另一个自己的出现。

如果你易怒易爆，很有可能会养出一个脾气很大的孩子，而在这种童年状态下成长的人，会变得难以成长为独立的自我，会出现太在意别人想法的情况，甚至总是唯唯诺诺、没有主见。

这种伤害具有一条传播链，它可以从你的父母传播到你本人，也可以从本人传播到你的孩子，如果不加干预，以这种有害的行为模式传播下去，将会后患无穷。

在心理上受到的伤害是最严重的，身体上的创伤可以愈合，但是心理上所带来的打击却是久久不能消散的，因为童年是人一生的基石，是我们自尊心与自信心最大的来源。

当身体与言语上的伤害达到一个阈值时，就会造成心理上的创伤。我们都知道，身体上的生病会有相应的临床表现，需要用药物来治疗。同样，心理上的创伤也是有一系列的临床表现的，也需要用"药"来治愈。

当我们觉得自己的性格出现了缺陷时，试着将自己的童年捋一遍，从言语、心理以及身体这三方面入手，来看看自己的家庭行为模式是有益的还是有害的，找准了要点，我们才能对症下药。

虽然对症下药是必要的，但是也不能惊慌失措地乱投医，我们所要做的就是尽量缓解它带来的伤害。

首先，我们应该将自己从父母的附属品中剥离出来，但这并不意味着所有情感的脱离，而是要做到承担责任与义务，才能享受权利。

大部分人都在争取"经济独立""人格独立"等一系列的独立，但是有的人却发现效果微乎其微，他们无法做到真真正正地独立。比如，在遇到了一些需要靠自己艰苦奋斗才能解决的问题时，他们还是在潜意识里想从长辈那里得到支持，想让别人给自己挡风遮雨。

这种情况是非常普遍的，这主要是因为幼时长辈的控制欲较强或者是帮我们摆平了所有的危机，才造成我们在工作后出现了懈怠，从而难以相信自己是可以独立解决问题的。

成长就是一个不断独立的过程，如果不相信自己真的可以独当一面，那么在以后的日子里，我们会一直沉溺在缺陷的童年里，俗话说"不破不立"，一味地将现在所遇到的困难归结于童年，未来将难堪大任。

我们所要记住的是只有承担了责任与义务，我们才能享受权利。简单来说，我们要能够独立面对人生的风风雨雨，才能不被缺陷童年所控制，也就是从父母长辈所控制的童年中摆脱出来，才能够真真正正地做一个独立的自我。

之所以童年缺陷会那么让人无能为力，是因为有些父母将自己的孩子视为自己的附属品，想要替他们遮风挡雨，却造成他们无法独立。

要记住，自己已经不是小时候的自己了，这样才能不被缺陷童年所束缚。

其次，应减少情绪的压抑以及情绪过度地释放，因为这样其实只是在惩罚自己和苛求别人。

长辈言语上的贬低与辱骂会使一些人的童年蒙上阴影，在以后的日子里会变得有负罪感和过于敏感。这其中有一类人会压抑自己的情绪，有一类人会过度释放自己的情绪，前者会导致焦虑、抑郁等一系列心理问题，后者则会导致愤怒等一系列负面情绪，这很可能是父母在言语上给我们带来的影响。

我们所要做的就是减少情绪的压抑以及情绪过度地释放，之所以喜欢压抑和过度释放自己的情绪，还因为在童年时自己没有能力辩驳的时候，我们往往会选择沉默、抗拒或者是没头没脑的愤怒来面对。

长大以后这个过程会持续，而对父母长辈的压抑与过度释放情绪会转嫁到别人的身上，或者恰恰相反，由童年的压抑变为长大后的易怒，或者是由童年的易怒变为长大后的沉默。因为大部分人在潜意识里都会产生一种"补偿心理"。

简单来说，就是童年我无法表达自己的情绪，长大后我要随心所欲，有些人能握好这个度，但是有些人却会走向极端，用不恰当的情绪来补偿当时的自己。

但是，现在已经时过境迁，再继续这样做只是在对自己进行惩罚，并且伤人伤己，因为我们所要面对的情况已经变了。只有当我们能够有效地处理自己的情绪时，我们才能走出过去、走向未来。

最后，我们要与人建立信任，不要处于一种社交孤立的气氛中。

人各有所长，也各有所短，在与人交流的过程中，我们才能更好地认识自己，也能将自己的性格缺陷做出修补。

但前提是遇到了适合自己节拍的人，可是由缺陷童年带来的性格缺陷会让大部分人在走向别人的第一步时遇到阻碍，很多人并不相信自己会与人建立良好的亲密关系，因为从小到大的经历都告诉他这是不可能的。

虽然遇到一个合适的、值得信任的人很难，但是如果将自己封锁起来，那么这个概率就会变为零。如果在概率很小和概率为零之间选择的话，理智一点儿的人还是会选择前者。

当别人对自己付出善意的时候，冷漠是一台灭火器，我们可以不付出更多的热情，但是可以给予他们相同的善意，这也是一种尊重，对自己和别人的尊重。

而当我们处于一种社交孤立的气氛中时，以往缺陷的童年可能就会变成缺陷成年、缺陷老年。既然人生已经给了我们一个崭新的机会，那么只要我们肯把握住这个机会，能够与人建立亲密关系的话，我们童年所受到的心理创伤也会一点一点地被治愈。对症下药，这种从别人那里获得的情感也是治愈缺陷童年的一味药。

总而言之，当我们在生活和工作的过程中，遇到与自己的能力无关的问题时，要找到自己的性格缺陷，性格决定命运，它与缜密的逻辑思维能力同样重要。

首先，我们要分辨自己的童年究竟有没有给自己带来太过严重的创伤，就创伤的严重程度来说，带来的后果有轻有重。从言语、身体以及心理三个方面来看，长时间的打压才会对我们造成影响。

这需要我们后期主动地干预。

童年时的自信心、自尊心是我们强大的抵御困难的动力，幸福美满的童年是我们的性格优势，缺陷童年虽然会给我们带来性格上的缺陷，却并不是一个不可逾越的鸿沟，只要我们愿意，还是可以跨越的。

首先，要记住长大后自己已经是一个独立的个体，我们有能力面对各种各样的困难。如果还对父母过于依赖，那么我们将会永远处在"童年"之中。并且有权利也就有义务，我们不可能只享受权利而不履行义务，在面对危机时只想做一个"长不大的孩子",在面对权利时又想"不加节制地索取"。

其次,不要压抑自己的情绪,也不要过度释放自己的情绪,克服自己潜意识里的"补偿心理",情绪只是调节心情的工具,而不是与过去的传话筒。

最后,与别人建立起信任,千人有千面,不能因为过去而否定所有的人,当别人给予我们尊重时,我们也要给出自己的信任,这才会建立和谐的人际关系。

洞察黑天鹅事件，
辨别危机和机遇

在日常生活中，总是会有一些新的危机与机遇诞生，它们会突然闯入我们的生活中，有些危机甚至会造成一系列的恶果，这使我们不得不打起精神来面对它们。

这中间有一个名为"黑天鹅事件"的法则。

因为之前从来没有黑天鹅出现过，人们都认为世界上只有一种天鹅——白天鹅，几乎没有人怀疑过这个准则，可是后来，人们在澳大利亚发现了黑天鹅，这个发现颠覆了以往人们推测总结出来的认识，原来世界上除了白天鹅之外还有黑天鹅的存在！

因此，人们将那些不可预测却能产生重大影响的事件称为"黑天鹅事件"，小到个人，大到国家，"黑天鹅事件"总会在平稳生活里突然出现，完全地颠覆了之前的认知以及经验，对今后的生活和发展造成重大的影响。

"黑天鹅事件"既可能是一次机遇，也可能是一次危机。

我们不能预测它是什么，何时发生，却可以预测到它一定会发生。正由于它的不可预测性，导致一部分人对它颇为轻视，一部分人对它又十分惶恐。

其实，虽然"黑天鹅事件"可能会决定我们一生的成败，却并不是那样令人恐惧。在我们的工作和生活中，对"黑天鹅事件"有一定程度的了解之后才不容易引起恐慌与轻视。

为什么"黑天鹅"事件出现时，就意味着是对之前的一次颠覆？

这中间的原因很多，最重要的原因就是人们总是根据自己的经验来推测未来，却不知道"黑天鹅事件"是不可预测的。

直到在澳大利亚发现了黑天鹅，人们才意识到黑天鹅的存在，可是在那之前没有任何人发现它，因此没有人认为有黑天鹅这一物种存在。

在日常生活中也是如此，一位勤勤恳恳的员工在公司里平安无事地工作，可是公司的效益不好，可能会**导致裁**员情况的发生，这位员工不了解公司的效益，因**此**觉得自己可以一直工作，然而当第一个员工被裁员之后，"黑天鹅事件"就出现了。

这位员工根据自己之前的经验所推测出来的未来不裁员这个"黑天鹅事件"给击破了,他不得不早做打算,也开始思考自己的处境。这次的"黑天鹅事件"就是对他之前认识的一次颠覆。

当然,更多时候的"黑天鹅事件"在出现时是没有征兆的,可能只是突然而来的一次裁员、一次金融危机,甚至是一场席卷全球的瘟疫。当它突然出现时,我们才会意识到自己根据之前的经验所推测出来的结果是站不住脚的,它会被各种各样的意外打乱了节奏。

自己的"经验主义"对于平常事件是可行的,为什么对"黑天鹅事件"就不可行呢?

这主要是因为我们的认知偏差,当一件事情发生后,比如上述例子中的裁员事件,当裁员开始出现时,这位员工才从过去的蛛丝马迹中探寻到了"公司效益不好"这一信号,但是如果公司并不是裁员而是加薪,这位员工也一定能从过去的蛛丝马迹中探寻到"公司效益好"这一信号。

这种以"结果"为导向的经验可能适用于平常事件,却不能应用于"黑天鹅事件",因为"黑天鹅事件"就是一次意外!

无论我们从事什么职业,拥有多少资源,具有意外性的"黑天鹅事件"都是有可能发生的,而我们对"黑天鹅事件"认识不足，会导致我们以偏概全，把一件无关紧要的小事与全部事件联系起来，就好比一朝被蛇咬，就认为自己是个招蛇咬的体质，过于相信自己的经验，就如同从门缝里看人一样，看不见真实的人，只能看到一个被门缝挤压过的人影。

"以偏概全"与"以全概偏"都是不可取的，这样只会让我们看不到事物的全貌或忽视个体的差异性，而且人与人之间的认知有偏差，物与物之间也有偏差，如果一味地将之前的经验套用在后来突然出现的"黑天鹅事件"当中，就会出现顾此失彼的情况。

而且对于大部分人来说，我们总是喜欢关注已知的、经常发生的事情，不喜欢关注未知的、不常发生的事情。

大到金融危机，小到个人能力的提升，在还没有发生的时候，或者是个人能力有所欠缺但是周围人也没有意识到的时候，我们很难会因为求知欲与好奇心来进行探索与改正，只有在出现一些严重的后果时，我们才肯正视问题，将其再变作自己的经验。

其实，"黑天鹅事件"并没有那么神秘，但是如果我们一直只关注自己熟悉的事情，喜欢待在自己的舒适圈中，永远也不肯跳出去，那么它们对于我们来说就是一次严重的事故，甚至是一次毁灭性的打击。

我们要知道,"黑天鹅事件"之所以很意外,主要是我们自己没有预料到,这才在后来被突然而来的发现而打得措手不及,如果我们对未知以及不常发生的事情多出来一丝平常心,知道它是不可避免的可能就会好上一些。

而且更为重要的是,了解到从来都没有遇到的事情或者是获得了崭新的知识,这其中的好坏无法言说。

"黑天鹅事件"并不全都是灾难,它还可能是前所未有的机遇,甚至是之前是灾难,之后也可以变为机遇。如何有效地处理"黑天鹅事件",或者是如何以正确的心态对待它们,这都是我们现在需要努力去做的事情。

那我们应该如何应对突然发生的"黑天鹅事件",不让它扰乱我们正常的生活,或者是如何"化危为机"呢?

首先,我们应该居安思危,在"黑天鹅事件"来临时,不要因为畏惧与惶恐而做出错误的决定。

"黑天鹅事件"的意外性也就意味着它具有一定的毁坏性,比如,突然而来的一场海啸、一场经济危机、公司的一场裁员等,我们可能对此无法预测,无法预测也就代表我们不能及时地对它做出防范。

《周易》中说："安而不忘危，存而不忘亡，治而不忘乱。"在我们处于安稳的环境中时不能忘了危机，在生存时不能忘了灭亡，也就是我们要记住"黑天鹅事件"存在的必然性，不能因为它长时间没有发生就忘记了它的存在。

虽然我们不能忘记了它的存在，但也不能因为错误的消息而做出错误的预判，在遇到危机时，有时候站着不动也比跑向错误的方向风险更低。

我们所接受的信息都是经过我们自己筛选出来的，如上文所说，我们大部分人都喜欢只关注已知的和经常发生的事情，因而我们筛选出来的信息也是我们自己所熟悉的事情，而那些可能是关键的事情就如同水平面之下的冰山一样。因为我们看不见与无法判断，所以就被我们选择性地忽视了。

这种风险为跑向错误的方向—站着不动—跑向正确的方向，只有在危机来临时，抛却心中的畏惧与恐慌，我们才不会做出错误的抉择，才能保持清醒的头脑来应对危机。

其次，我们要大胆尝试，抓住"黑天鹅事件"所带来的机遇。"黑天鹅事件"有利有弊，就像是第一台计算机的出现，就是一次"黑天鹅事件"，但是有人却利用这只"黑天鹅"来创新。

试想一下自己的生活与工作，有没有出现一些特殊的人、一些与众不同的事件或者是一些新奇的事物？这些对我们来说都是"黑天鹅事件"，因为"黑天鹅事件"不仅仅可以是举世闻名的大事，还可能只是我们周围的小事。

一些创业者可能就是在一次"黑天鹅事件"中找到了一些可以颠覆传统行业的领域，而在这之前，他们可能就具有大胆尝试的创新精神。

"黑天鹅事件"本来就是一次新奇的事件，它是之前从来没有发生的事件，而只有大胆尝试的人才会发现不一样的东西，因为资源是有限的，一块蛋糕分的人越多，每个人分到的也就越少，而"黑天鹅事件"的出现本来就是一次机遇，即使在它之前是一次危机也有可能转化为机遇，而且这种可能性一直都存在。

用一句话来形容，就是"新的事物，新的机会"。

最后，在我们的工作中要关注不同寻常的小事，也不能等到犯了大错才开始注意。

在"黑天鹅事件"之前，我们就要具有一定的防风险意识，当龙卷风到达面前的时候才开始逃跑，就没有办法幸免。

在龙卷风到来之前，我们就应该有危险到来的警觉。拿我们日常工作为例，"黑天鹅事件"其实也具有一定的延迟性，当它出现或者有一丝苗头时，我们还是有一定的反应时间的，当我们在工作上出现问题时，比如，领导的劝诫、工作项目的失败等，这些都是需要警惕的事情。

就像当你在家中发现一只蟑螂时，就意味着在家中不为人知的角落里已经有了成百上千的蟑螂，若是凡事都在无法挽救时才注意，那么，我们就会犯更大的错误。

我们在工作时若是没有注意到那些需要警觉的事情，就白白浪费了"黑天鹅事件"的延迟性所带来的反应时间，等我们犯了大错时也就没有"亡羊补牢"的机会了。

如果我们想要做出一番不同寻常的成就，那就更要关注不同寻常的事情，比如那些未知的不常发生的事，还有那些不可预测却实实在在发生的事，因为这些"黑天鹅事件"至关重要。它们很有可能改变历史的进程，在历史的裹挟下，我们个人顺应时代潮流成功的机会才会更大。

总而言之，那些无法预测、完完全全地改变了我们之前的认知的事件。我们之所以对其感觉到认知不足与畏惧，就是因为我们太过相信"经验主义"，殊不知"经验主义"都是根据我们所经历过的事情推测出来的，也就是我们已经经历过的事情，它并不包括那些第一次出现而且颠覆我们认知的事情。

还有一部分原因是我们喜欢"以偏概全"与"以全概偏"，

但是每一件事情都具有它的独特性，就像是历史总在不断地重演，但是却不是完完全全地按照之前的轨迹前进，我们大多数都在偏离轨道的时候翻了跟头。

在面对错综复杂的"黑天鹅事件"时，我们所要做的就是在安稳时不忘危机，要知道虽然我们不能预测"黑天鹅事件"在何时以何种情况发生，但是却可以知道它存在的必然性。

其次，我们要有大胆创新的精神，因为"黑天鹅事件"本来就是新奇事物，新奇事物就会伴随着新的行业的产生，因此只有走在前面，拥有常人所没有的敏锐度，才会有更多的收益与成就。

最后，作为普通人，在注意"黑天鹅事件"的风险性时，我们的第一要务是注意自己身边不同寻常的事，哪怕只是一件小事，因为等到出现大问题之后就会让人追悔莫及。

第四章 PART 04
摆脱拖延：行动是最好的努力

远离惰性环境，提高自制力

明明知道复习重点繁多要提前准备，却还是懒得读书，快考试时才临时抱佛脚。

明明知道上班打卡迟到了要扣工资，却还是懒得起床，将闹铃时间一延再延。

明明知道工作总结写不完要挨批评，却还是懒得去做，直到半夜才挑灯赶稿。

……

生活中的你，是否总是这样因为懒惰而拖延，又因为**拖延**而误事，最后只能面对残酷的结果悔不当初？要知道，**懒惰是人生的大敌**，常常与拖延形影不离，一起将你的生活搅成一团乱麻。

一旦染上懒散的毛病，不仅会耽误你眼前的工作，还可能对你日后的发展都产生长远的影响。

我表弟就是一个非常典型的懒惰拖延症患者，早在上中学的时候，他的懒惰拖延症症状就已经十分明显。每年一放暑假，表弟便开启放纵享乐模式，将所有的暑假作业都拖到最后一周集中完成。本来分摊到每天可以轻松解决的作业量，因为长期拖延，渐渐被堆成一座大山，最后总是让他叫苦不迭。

每当临开学奋笔疾书仍赶不完作业的时候，表弟总是满口表示下次再也不会这样了，然而在下个暑假仍然再次重复这样的场景。

这个懒惰拖延的坏习惯一直跟着他直到上班工作。刚毕业的时候，表弟获得了某家大厂的实习机会。实习期间，表弟的领导给他布置了一个额外任务——在一周内起草与甲公司的销售合同，这对法学专业出身的他来说简直就是小菜一碟。

第一天，表弟本来可以提前结束手上的其他工作去起草合同的，但他想反正一周后才交，明天再动手也不迟。

第二天，因为发生突发事件，他耽误了一上午，直到下班前才勉强完成了当天的本职工作。

第三天，他刚完成当天的任务，同事便请他帮忙。眼看着还有两个小时就下班了，他也没心情去拟合同，心想明后天正好周末，到时候再写也不迟。

结果第四天朋友临时请他去聚会，他玩了一天喝得大醉，睡到次日中午才醒，因为头晕起来吃了几片药便接着躺下来休息。

第六天上班开例会，上司问他合同拟得怎么样了，他谎称差不多了，就差几个数据还没有核对，声称明天就能交上。开完会后他立刻动手，才发现这份合同远没有自己想象中那么简单，不仅涉及许多他不太了解的领域，还需要不少实证数据的支持，就算整晚熬夜他也赶不完！

后来由于没有按时拟好合同，影响了与客户签约，表弟受到了领导的严厉批评，最终还因此失去了转正的机会。因为自己的懒惰心理和拖延行为，表弟失去了一份颇为不错的工作，这对他的整个职业生涯都造成了一定的影响。

拖延滋生懒惰，而懒惰者也总是习惯拖延。仔细想想，你是否也有不少因为懒惰心理而产生的拖延行为：早上懒得起床，上班懒得工作，下班懒得运动……懒惰就像是一个可以拖延一切的怪兽，随时将你拖入荒废的深渊。

可以说，懒惰是我们战胜拖延的最大敌人。许多原本可以马上去完成的事，都因为懒惰心理一次次地往后拖延而没能及时完成，让你只能眼睁睁地看着成功的机会从手中溜走。

正所谓懒惰一时，损失一生。要想成功，就必须战胜拖延，而要想摆脱拖延症，就必须全方位远离惰性环境，从心理和行动两个方面入手，戒除懒惰，这样才能让拖延无处着力。

懒惰是一种心理上的厌倦情绪，简而言之，就是一个人不愿意在脑力或是体力上付出行动，这其实是人的天性。

人类在漫长的进化过程中，发展出了三重大脑：本能脑、情绪脑和理智脑。本能脑源于爬行动物时代，主管本能；情绪脑源于哺乳动物时代，主管情绪；而理智脑源于灵长动物时代，主管认知。

人类的本能脑、情绪脑和理智脑通过神经纤维彼此相连，各自作为相对独立的系统分别运行。不过由于这三个脑之间的沟通不太好，每个脑都有自己的价值和目的，因此很容易产生不同的驱动指向，引发"潜意识"与"显意识"、"情绪化"与"理性化"、"本能"与"延迟满足"之间的冲突，让我们内部产生混乱。

与本能脑和情绪脑相比，理智脑的力量相对较小。这主要有以下四个方面的原因。

一是理智脑的进化时间相对较短，仅有250万年，而本能脑和情绪脑已经进化了上亿年，各方面发展更为完善。

二是理智脑的发育成熟时间相对较晚，一般人类的本能脑和情绪脑分别在2岁和12岁左右发育成熟，而理智脑要直到成年早期才能基本发育成熟。

三是理智脑占有的神经元细胞少，仅占近两成的神经元细胞，且在紧张时刻并不优先得到供血。

四是理智脑运行速度较慢，本能脑和情绪脑分别掌管生理和意识系统，运行速度达到1100万次/秒，而理智脑只有40次/秒，且非常耗能。

总体而言，本能脑和情绪脑对大脑的掌控能力更强，我们日常生活中做出的许多决策，也总是出于本能与情绪，而不是理智。本能脑与情绪脑是在原始社会环境中进化出来的，那时的人们为了生存，必须尽量节约能量，因此本能脑会自然地排斥高耗能行为，让我们陷入懒散状态。要想戒除懒惰，就必须调动理智脑，利用自制力战胜本能脑与情绪脑做决策。

自制力是控制和约束自己情绪的能力，它有一定的上限，每做出一个理性的决策，自制力就会被消耗，当超过这个上限后人的行为就会完全失控。

我刚工作时，曾作为项目主管，负责将某个项目实施落地。

当时公司管理并不完善，因此我承担了不少职责范围以外的工作内容，还必须忍耐某些人的不配合和坏脾气，工作压力巨大。白天上班的时候，我必须出于理性进行判断和决策，以便达到任务目标，而这自然大大地消耗了我的自制力。

这导致我晚上回家以后，总是精神萎靡，整个人陷入懒散状态，一度沉迷于毫无营养的短视频娱乐，还喜欢上了赖床睡懒觉，有几次都差点儿迟到。

这其实就是自制力被过度消耗的结果。在结束高强度工作之后，我们的理智脑进入沉眠状态，由情绪脑与本能脑主宰决策，往往会沉迷于无营养娱乐内容所带来的即时快感中。面对这种情况，要如何才能解决呢？

1. 提升你的自制力

第一，设立明确的发展目标。

自制力就像肌肉一样，可以被锻炼得越来越强。从某种程度而言，自制力取决于人的思想素质，一般来说越有崇高理想抱负的人自控力就越强。因此要想提升自制力，可以先从树立正确的价值观、人生观、世界观开始，给自己设立明确的发展目标，这将成为你坚持前进的不竭动力。

除了树立目标外，修订目标其实也很重要。因为目标毕竟是我们对未来的超前计划，有时难免遇到一些意外，此时就要根据实际情况及时进行修正。

切记不能让自己的目标仅仅存于想象层面上，一定要将它记录下来，最好是写在纸上，形成可视化文件，这样才能时刻提醒和激励自己。

第二，在行动中寻找乐趣和意义。

最好是能尽量喜欢上自己要做的事情，毕竟喜欢才是行动的最大动力。

在开始做一件事之前，你可以给它赋予一定的意义。例如背单词学英语是为了日后环游世界沟通便利，做报表写述职报告是为了升职加薪带领员工。一旦你赋予工作以意义，就会有去完成它的动力，甚至会逐渐找到其中的门道和趣味，并且会乐此不疲。

第三，通过积极的心理暗示增加信心。

消极心理不利于养成自制力。有些人在生活中总是充满消极情绪，无论做什么事情，总会不停地抱怨，甚至还没开始做就已经陷入悲观情绪，觉得"这件事我怎么可能完得成呢？""怎么这么难啊！""我肯定做不完了吧！"你越这么想，就会越痛苦，越痛苦就越看不到希望，越做越累，最后很容易主动放弃。

多给自己一些积极的心理暗示吧！你可以先从语言上手，每次谈论自己要做的事情时，多用一些积极的词语去想象和形容它。保持乐观向上的健康情绪和心态，这样才能充满斗志，不断给自己增加信心。

第四，通过设置奖励，不断给自己的行为正向反馈。

在我们大脑的神经系统里，存在着一种"奖赏回路"，会对奖赏等带来愉悦感的事物做出反应。

大脑会自发地优先处理能够激活"奖赏回路"神经元的行动，要是我们每完成一件小任务，就可以迅速得到收获，那么大脑就会因为多巴胺的刺激而对这种行为上瘾，会不断地鼓励我们多去做这件事情。

你可以拿出一个记事本，一面写上你的小欲望，例如吃一只牛奶冰激凌、看两个小时电影等，另一面则写上你要完成的目标任务，每完成一个目标，就满足一个自己的小欲望。只要这样不断给予大脑正向的及时反馈，就能让大脑乐于去持续做某个任务，以便轻松愉悦地长期坚持下去。

2.避免自制力浪费在不产生价值的事情上

自制力是极为宝贵的资源，在增加自制力总量的同时，也要注意避免自制力消耗太快，不让自制力浪费在不产生价值的事情上。你可以对自己要完成的工作做一个系统性的梳理，分出轻重缓急，合理分配自己的自制力。

总而言之，通过对自制力的提升与合理分配，我们就能战胜懒惰，治愈拖延症，让自己的生命时间变得更有价值和意义。

和完美主义说拜拜

虽然懒惰是导致拖延的重要症结之一,但有时很多人拖延,可能并不是因为懒惰,而是因为过于追求完美,一味要求自己做到目前短时间内完全无法达到的水平,才会导致事情一拖再拖。

追求完美本是好事,它可以鼓励人们奋发向上、不断进步,然而凡事都讲究一个"度",有时一味追求完美只会大大降低我们的办事效率。毕竟我们每个人的时间和精力都有限,一旦在某个点上过度消耗,就很可能无法在规定时间内完成计划安排,导致拖延的出现。

这样的例子在我们的日常生活中并不少见:有人为了画一个"完美"妆容,出门前会花好几个小时反复修改妆面,甚至因此耽误时间迟到;有人为了百分之百不出错,面对一份财务报表会反复核对十几遍，甚至因此延误报表的提交时间；有人为了确保客户满意程度，产品调研的时候总要反复不停地追问，在纠结中迟迟推进不了下一步的工作……

我刚毕业的时候，和同样刚进公司的小美被分到同一个组长手下实习。小美工作十分认真，平时上班的时候也都勤勤恳恳，不见丝毫摸鱼偷懒，但她的工作效率总是出奇的差，组长交给她的任务总是要拖很久才能完成。

有次组长找来小美，让她打印200份急用的办公资料，还特地嘱咐她一定要快。小美接到任务后，便马不停蹄地开始了自己的工作，可一直到下班，她都没能把急用的资料交到组长手里，因此还被组长责怪了一通，不得不独自留下来继续加班。原来小美在打印的过程中，意外发现资料中出现了两个错别字，于是她从头到尾通读资料，逐一核对文字，耐心地将资料中所有出现的错别字都一一改正，为此才耗费了大量的时间。

被组长责怪后，小美觉得很委屈。帮忙修改资料中的错别字，难道自己做错了吗？事实上，小美的举动确是出于好意，可那份资料本身是用来给内部员工熟悉流程的，零星的错别字并不影响阅读，反倒是小美因纠结错别字迟交急用资料的行为给大家带来了大麻烦。而小美日常工作效率之所以这么低，也是因为总是这样纠结细节的缘故。

重视细节固然是好事，但苛求细节有时却会好心办坏事。小美工作时总是追求完美，每一件事都想尽力做到百分之百的满意，然而世界上本就不存在绝对的完美，在现实生活中，我们在做一件事时，完成往往比完美更为重要。

仔细回想一下，在你的日常生活中，是否有过这样的感受。

打算去做某件事情，但总是觉得计划不够周密，于是为了完善计划迟迟没能开始做事。

接到了上司布置的任务，但总是对工作方案不够满意，于是左改右改最后延误了上交时间。

发现心仪的商品正在打折，想要购入但总疑心商品是哪里有问题才做的促销，于是反复纠结直到库存被抢光。

……

如果你也有类似的表现，那么你也很有可能是一个完美主义者。

完美主义者往往格外在乎工作和生活中的细枝末节，认为要做好一件事，必须考虑到每一个因素。对这些完美主义者而言，如果不能在某件事上达到自己满意的程度，他们就会焦躁难安，卡在自己设置的关卡中寸步难进。

一般来说，完美主义者的性格可以被分为以下三种类型。

1.要求自我型

要求自我型通常会给自己订立比较高的标准，在生活和工作的时候都以这种高标准来要求自己，一旦没能成功达到，就会过度苛责自己，甚至会因为自己没有办法达到订立的高标准而郁郁寡欢，无法积极生活。其主要根源在于自我要求型往往会处于一种恐慌之中，担心自己只要不够完美便会失去现在所拥有的一切，尤其是自己挚爱的人或事物，极度害怕会被抛弃。

2.要求他人型

要求他人型通常会对他人有比较高的标准，不允许别人犯错，而且对他人极为挑剔，一旦对方没能达到自己的高标准，就会生气发怒。其主要根源在于要求他人型希望尽可能地将事物控制在自己的手中，因此要求别人将一切做到尽善尽美，结果常会将人际关系搞得十分僵化。

3.被人要求型

被人要求型是为了完成其他人的期望才去追求完美，因此会对别人制定的标准和要求非常在意，一旦自己无法达到他人的标准和要求，就会格外自责痛苦，害怕别人会对自己感到失望。

在这三种类型中，要求自我型在我们的日常生活中最为常见。其实追求完美是一种正常心态，渴求完美的人往往是出于自我保护的需要，希望通过十全十美的表现获取自信，保护自己免受他人的指责和伤害。然而凡事过犹不及，过分追求完美会给人带来莫大的焦虑、沮丧和压抑，让人在做事之前就开始担心失败，不利于他们全力以赴地去获取成功，而一旦遭遇挫折，他们就会灰心丧气，想要尽快逃离失败，以避免尴尬，最后反而容易陷入不完美的境遇之中。

俗话说，希望越大，失望越大。完美主义者总是对即将完成的事情抱有极高的期望，这种高期望很容易导致主体行为的受挫，从而让人产生失望痛苦的情绪。一旦"高期望—行动—受挫—失望痛苦情绪"这一反应链被不断强化，就会让人产生逃避机制。毕竟人所能够承受的压力是有限的，一旦压力达到一定的程度，就会出现超限效应。

超限效应是逆反心理的一种，如果同一刺激对人的作用时间过长、强度过大、频率过高，就会使神经细胞处于抑制状态，让人产生极不耐烦的心理体验。在我们的生活中，超限效应无处不在，例如对铺天盖地做宣传的产品广告产生的逆反心理，对家人反反复复的叮嘱唠叨感到厌烦等。

超限效应的重要表现之一就是出现抵触和对抗心理，对此我们出于本能，往往会直接遏制行动。而一旦行动被不断遏制，就会导致拖延症的出现。因此，当你有必须完成的任务时，就得努力戒除自己的完美主义心态，学会悦纳生活中的不完美。

要想克服完美主义导致的拖延，可以从下面几个方面入手。

1.治愈内心创伤

如果孩子在童年时曾受到严厉的批评式教育，就很有可能极其害怕失败，对失败有着灾难化后果的想象，认为自己这次一旦失败，就会彻底完蛋。长大以后，这些孩子往往会将拖延作为一种自我防御的机制，用来逃避可能会面对失败的风险，从而成为完美主义拖延症患者。

一般来说，这种批评式教育与严厉的高标准父母息息相关。因为父母的高标准要求和严厉态度，孩子会逐渐将父母的严厉和高标准内化，成为对自己的严厉和高标准。久而久之，就算日后父母已经放松了对孩子的要求，他们自己也没有办法对自己降低要求，就好像是他们在父母的教导下，亲手拿着一根绳子进行自我捆绑一样。

在设法克服完美主义导致的拖延症之前，先仔细回忆一下你的完美主义拖延症是否和童年创伤有关吧！如果是，那么你必须先看到并承认这份创伤，然后才能着手去治愈它。一旦内心创伤被成功治愈，拖延问题就可以通过建立新的习惯而得到改善。

2.设立可行性目标

很多完美主义拖延症患者之所以将手上的事情一拖再拖，往往是因为事先将自己的目标规划得过于庞大，标准高到自己难以企及，从而失去了主动行动的动力。对于这类患者，要想摆脱拖延，就必须调整自己的目标计划，降低期待，通过参考以往的成功经验，设立真实可行的目标。

若是有一个想完成的大目标，还可以把大目标分拆成几个连续的小目标，从小目标开始逐一突破。这样不仅可以增加行动的动力，而且每完成一个小目标，你的自信心就会增加一分，大大提高了成功的概率。

3.享受做事的过程

在做事时把关注点放到过程上，学着将结果导向的价值观转变成过程导向，积极关注自己在过程中学到的东西和获得的成长，同时努力挖掘在做事时感受的乐趣，这样就能帮你找到主动行动的动力。

需要注意的是，在行动的过程中千万不要去和别人比较，只将自己作为唯一的比较对象。今天的你和昨天的你相比，今年的你和去年的你相比，是否有所进步呢？哪怕只是一点儿进步，那也是好事情。

学会享受做事的过程，要知道，很多事情重要的是你在过程中的体验，而非最后的结果。毕竟能力并不是什么固定的东西，可以随时变化和发展，没有什么是必须要证明的。而一旦你在行动过程中找到专属于自己的乐趣，就会发现其实有时过程本身就是结果，同样也充满了意义和价值。

4.重新定义失败

除了看中过程，完美主义者还要重新定义和看待失败，将事情的成功与否和个人本身的价值区分开来。记住，一件事情的失败并不等于整个人生的崩盘。若是能够改变面对失败的心态，将每一次失败都当作成长的契机，并以此为手段不断充实和提升自我，丰富和扩展人生，那么日后自然就不会再因为害怕失败而裹步不前了。

5.坦然面对不完美

不少完美主义者都有个坏习惯，那就是一旦自己的计划受到阻碍，便开始破罐破摔，彻底放弃。因为害怕承受失败，所以喜欢不断地重新开始，相信明天就会完美了，但这其实只是一种自欺欺人的表现。长此以往，只会让你深陷拖延症的泥淖之中难以自拔。

世界并非非黑即白，而事情并非只有完美和放弃两种极端处理方式。学会保持灵活且充满弹性的心态，坦然面对那些生活中的不完美，有益帮助完美主义者克服拖延。

6.立即行动

这条准则适用于所有拖延症患者，尤其对万事讲究准备周到的完美主义者来说尤为合适。无论何事，只要它们拖得你焦躁不安，那就马上行动起来。别管那些所谓的准备和计划，凡事先开始再说。

例如，你想写小说，却没法定下完整的大纲，那就尝试着先从写开始，别管他人的眼光和评价，先坐下来写半个小时再说，尽情抒发脑子里想到的感情和场景。跑步锻炼其实也是如此，要想运动，就从找一双舒服的鞋开始，先跑上3分钟再说。一旦开始行动，你会发现其实继续也没那么难。很多事情只要有必要条件就可以行动了，别一味等待充分必要条件都满足，这样只会在拖延中错过最好的时机。

7.学会自我激励

很多人都喜欢谴责自己，而忘了要主动激励自己。如果失败时一味谴责自己，成功后又不进行自我激励，就会大大挫伤我们做事的积极性，导致拖延行为的出现。

第四章 摆脱拖延：行动是最好的努力

　　有人在拖延的时候一味自责，以为这样就可以逼自己改掉拖延的坏习惯。然而自我厌弃非但无法换来行动力，往往还会消耗我们大量的心理能量，带来更多压力，让我们无力自控，更难以振作起来去克服拖延。相反，自我激励可以让你的积极性大幅增长，使你在做事时充满干劲。无论是失败后的自我激励还是阶段目标实现时的奖励庆祝，都可以帮助我们增加意志力和自控力，从而更好地战胜拖延症。

　　总而言之，在追求完美的同时，别忘了正是因为不完美才造就了完美。你不可能让所有人满意，只有接纳生活中的不满意，尽力而为，才能提高工作效率、杜绝拖延。

有目标的人才不拖延

在日常生活中,总会有许多人在抱怨时间不够用。你是否也有这样的体会:发现工作越来越忙,会议越来越多,下班越来越晚,开始经常不得不在办公桌上吃快餐,甚至连节假日都要处理工作……

尽管每天已经忙得像个陀螺一样,但你的工作成果却并不突出。这意味着一个很残酷的事实,那就是你所谓的"工作繁忙",其实大多都是无效努力、事倍功半,其主要原因可能在于你的目标并不明确,因此才无法达到想要的高效率。要知道,有时候忙碌也是一剂麻醉药,当你习惯了被那些不知道从哪里冒出来的事情塞满每一天时,就会开始疲懒,只会随波逐流地完成着被安排的工作,而无暇去思考和规划自己的生活。

第四章 摆脱拖延：行动是最好的努力

我堂弟刚毕业的时候得到了某家大厂的实习机会，当时同期的实习生中有个叫阿明的，和他被分到了同一个部门工作。大厂的工作节奏很快，作为初出茅庐的新人实习生，刚开始被安排的大多都是些琐碎的工作，从拿快递、买咖啡到复印资料、送发票，整天楼上楼下到处跑，看起来很繁忙。

堂弟整日疲于这些杂事，一回到家便瘫软在床，打开游戏放松娱乐。3个月的实习期转瞬即过，堂弟没能成功转正，重新找工作时，又是满脸茫然。尽管在大厂实习了3个月，但他经常整日打杂，看起来虽忙，但既没接触多少实质性的工作内容，也没学到什么技术，说起日后的工作发展方向，更是毫无头绪。反倒是与他同期的阿明，不仅成功转正，还抓住机会跳槽到了隔壁工作部门，据说很受那个部门领导的器重。

原来阿明一进大厂，就已经看准了自己想要从事的工作岗位，虽然没能分到心仪的部门，但在打杂的时候经常借着送文件的机会去隔壁部门观摩，和隔壁部门领导关系处得不错，私下也一直积极自学相关的技术知识。因此转正之后，阿明很快便被隔壁领导要走，成功得到了自己想去的岗位。

同为实习生，发展境遇却截然不同。堂弟和阿明之间的区别，正在于是否有明确的工作目标。许多人没有目标意识，在工作和生活中总是抱着一种无所谓的态度。这种人虽然表面看上去勤奋努力，但因为没有目标，所以总是盲目地行动，能过一天是一天，拖延自然也成为他们最好的生活和工作方式。

　　心中有目标的人总能高效执行，心中没有目标的人往往只会拖延。明确的目标可以充分发挥人的天赋，让你尽情完成自己的激情和梦想；而缺少目标的人只能漫无目的地四处游荡，在拖延中消磨时光，甚至浪费了自己的天赋，最终一事无成。

　　如果生命是一场旅行，那么目标就是指引方向的星星。只要心中确定好目标，在前进的过程中就不会迷茫。习惯拖延的人，有时正是因为缺少坚定的目标，所以才会感到迷茫，浑浑噩噩地生活。要想克服拖延症，就要找到自己的目标，让它指引着你不断前进。

　　在行动之前，你就应该设定好自己的目标。而要想做好目标管理，"SMART原则"无疑是最佳的选择。

　　"SMART原则"是一种常用的效率管理方法，其中"SMART"分别取自5个英文单词的首字母，代表着目标管理的五大原则，也被称为目标管理的五个维度。

　　1.S—Specific：目标要具体

　　模糊的目标不利于被执行，很多时候，设立的目标之所以没能被实现，其根源不在于执行力度不够，而是因为目标设定得不够明确。一个合适的目标，必须要用清楚具体的语言明确说明想要达到的效果。

以减肥为例，"我要减肥"不是一个具体的目标，不符合"SMART原则"，因为这个目标过于模糊。"减肥"是什么标准？你必须将目标数字明确化，比如你今年要减肥20斤，实现穿衣自由，这样的目标才是具体的。一旦确定了具体目标，你才会为之行动，要怎么做才能在一年内减肥20斤？一旦感受到压力，人们就会开始行动起来，让自己变得更加高效。

2.M——Measurable：目标要可衡量

所谓目标可衡量，就是要用数字将目标定量化，以此作为衡量标准的数据。例如你从事销售行业，这个月希望能够多完成一些业绩，那么就要结合上个月的业绩给出具体标准。假设上个月你完成了20万元的业绩，这个月至少提高10%，也就是要达到22万元的业绩。

可衡量就是要有参照标准，一旦有了对比，就会产生压力，从而迫使你更积极地付诸行动。

3.A——Attainable：目标要可实现

所有的目标，最后都要化为行动，因此目标的可实现性至关重要。对于高效人士来说，不可实现的目标不但毫无价值可言，而且还会打击人们的积极性。例如你刚毕业没多久，目前的工资是每个月4000元，积蓄5万元。此时你给自己定下一个目标，明年一定要在上海买一套房。在不接受外界资助的情况下，该目标实现的可能性几乎为零。这种目标不切合实际，就算你再怎么努力也难以实现，反而会让你的积极性受挫。

需要注意的是，有时适度的挑战也是很有必要的，能够更大程度地发挥你的主观能动性。

4.R—Relevant：目标要有相关性

所谓相关性，就是要思考当前目标是否和其他目标之间有关联。目标和目标之间最好要有一定的关联性，整体都可以为大目标或大方向服务。如果其中一个目标与其他目标几乎毫不相关，那么即使实现了意义也不一定很大。

例如你的职务是一个前台，设立了学习英语的目标。该目标与你的职业生涯十分契合，可以更好地提高你的工作水平，就是一个非常不错的目标选择。

5.T—Time-bound：目标要有时间限制

目标必须有一定的时间限制，如果某个目标没有截止期限，就基本等同于无效。惰性是人类的天性，没有时间限制的目标容易让人日复一日地拖延下去，从而造成效率的低下。

以写作为例，如今许多作者都处于兼职写作状态，利用闲暇时间写作，有时候一本书可以断断续续写上一两年才能完成。在如今讲求效率的时代，选题的更新换代很快。如果不规定好截稿日期，等到一两年后才成书，选题的热点可能早就过去了，即便是书写得再好也没有太多出版价值了。因此在设定目标的时候一定要考虑时间限制。

通过"SMART原则"，我们可以制订具体的工作计划和目标，给行动指明具体的方向，坚定决心，别去理会前进路上的阻碍和批评，努力排除外界不利环境的影响。只要随着目标指引，坚定执行自己的计划，就必能收获理想的结果。

某制造公司曾有一句知名的口号："写出两个以上的目标就等于没有目标。"这句话的智慧不仅体现在公司经营中，更体现在我们的日常生活里。

多个目标看似能给我们带来更多的选择和退路，但却很容易分散精力，让我们无法完全集中自己的注意力，感到迷茫，甚至弄不清自己真正想要的是什么，最终反倒会引发混乱，造成失败的后果。不少同时有多个目标的人将自己的精力消耗在了对选项的比较和取舍上，迟迟难以选择，而这无疑会消磨原有的工作热情，使做事拖沓低效。

我上大学的时候有一个室友橘子，品学兼优，兴趣爱好广泛。对即将毕业的大学生而言，未来的发展道路主要分为以下三种形式：继续读研深造、出国留学或就业工作。当时班上的不少同学都已经从中选择了一条道路作为目标，但橘子觉得单一的目标对她来说过于简单，她认为自己应该趁年轻多定几个目标，每个方向都去努力尝试一下，毕竟有了更多的选项才能做出最优的选择。于是她早上去自习室复习考研，下午去各大招聘网站搜寻信息，晚上则在宿舍准备出国留学的相关资料，很繁忙。

很快到了毕业季，橘子虽然在研究生考试中发挥不利，没能考上国内心仪的学校，但却争取到了去外企实习的机会，还拿到了一所国外大学的录取通知书。当有人问她究竟要选哪个时，橘子却苦着一张脸犹豫不决。外企的实习机会让她很心动，国外大学的录取通知书也很吸引她，此外，对这次研究生考试的失利，橘子也觉得心有不甘，很想再复读一年证明自己的实力……

就这样纠结来纠结去，直到实习和申请留学的最后期限都过了，橘子还是无法做出选择，只能眼睁睁地看着身边的同学读研的读研，工作的工作，徒留自己在原地踏步。

"我曾以为有很多目标就能有更多选择，但当真正面对选择时，才发现自己其实不曾认清内心究竟想要什么，害怕选择了一个就会为没选择另一个而后悔，因此迟迟无法做出决断。"

最终橘子将难能可贵的两个机会都错过了，为此懊恼不已。虽然橘子表面看上去有目标还很上进，一度信心满满地朝着几个目标同时努力，但她最终还是像许多没有目标的人一样，陷入迷茫之中。如果不能弄清楚自己内心真正的渴望，哪怕有再多的选项，你也无法做出真正适合自己的选择。

多个目标等于没有目标，许多目标可能"看上去很美"，实则只能让你精力分散、工作低效。当你有多个目标时，可以按照目标的重要程度对它们进行一个简单的排序，也可以按照实现目标的难易程度或是实现的时间长短对他们进行取舍。无论你怎样选择，最终目的只有一个，那就是将多个目标简化成一个目标，从而提高工作效率。

现实生活中从来不缺少志向远大的人，这些志向远大者中有不少人最终会沦为空想家，而他们失败往往不是因为实现目标的难度太大，而是因为他们认为成功离自己过于遥远。

在马拉松长跑中，选手必须将路线分解成多段百米赛跑，这样每个百米终点前的冲刺都能短暂给人完成目标的满足感和成就感，让你持续保持兴奋，把暂时的冲动化为耐力继续向前。而人生之路正像是一场马拉松长跑，要想取胜，不仅得在起点上有满腔热情，更要学会分解目标，不断给自己创造成就感，以此来避免倦怠，保持实现目标的动力，而设立阶段化目标就是拥有成就感的直接方法。所谓阶段化，其实就是具体化，让目标变得更加明确、具体，而不是离我们遥不可及。外在的行动力源于内在的自信，如果目标过大，让意识失去完成目标的自信，自然会发生行动力疲软的现象。此时若是将大目标阶段化，缩短我们和阶段性目标之间的距离，就能大幅提升我们的自信，让我们更具高效行动力。

学会高效时间管理

人之一生，时间有限。短短几十载的光阴，却是不少人的一辈子。世界上有不少人的工作和生活被琐碎的、无意义的事件占据，他们明明也努力用功，却总是无法取得满意的成就。究其根本，是因为他们没能充分利用自己的时间和精力，尤其是那些拖延症患者，他们没有明确的时间观念，因此做事总是拖拖拉拉。

有些拖延者总将"忙"字挂在嘴边，但若问他每天究竟在忙些什么，却又说不出什么有价值的工作内容。他们是真的很忙吗，还是因为没有时间意识，不懂得规划，所以总在那些毫无头绪的事情上拖延时间呢？

我从前有个不怎么好的习惯，就是早上爱睡懒觉。每天早上闹铃响后，我总要多贪睡20分钟。虽然感觉这20分钟懒觉无伤大雅，但起床后往往因为时间紧迫而变得诸事匆忙，急急忙忙洗漱整理，快步赶地铁，然后再小跑着去公司打卡，甚至有时候连饭都来不及吃。到了公司以后，我也是气喘吁吁、心烦意乱，要花一个小时的时间才能平复下来。

后来我仔细算了笔账，每天早上多睡20分钟，有时竟会平白无故地多耽误1个多小时。若是将这1个多小时的时间好好利用起来，专心致志地工作学习，可以多做多少事情？一天如此，两天也如此，按每月22天工作日来计算，这一年就会足足多耽误200多小时。可真是不算不知道，一算吓一跳啊！

我们永远无法留住时间，它总会在不经意间悄悄溜走，当你觉察到的时候，往往会追悔莫及。今天为一分钟而笑的人，明天将会为一秒钟哭。要想成功摆脱拖延症，我们必须重视时间的价值、学会管理时间。

所谓时间管理，就是在同样的单位时间内，尽可能高地提升时间利用效率，从而更高效、高质地完成工作。

要想做好时间管理，首先就要改掉自己浪费时间的坏习惯。大多数可以掌握自己人生的成功者，都是善于利用时间的人。他们的时间观念很强，总是积极主动地管理时间，尽可能地把有限的生命活出无限的精彩。

第四章 摆脱拖延：行动是最好的努力

很多人因为受拖延症影响，即便是意识到自己不应该浪费时间，也无法立刻改正自己的坏习惯，而是安慰自己从明天开始如何，抑或从下个月开始如何。不得不说，这也是对时间的严重浪费。过去不能改，未来不可期，我们在人生中唯一能把握的时间只有现在。尤其是在现代职场上，面对较快的工作节奏和较强的生活压力，更要从当下开始改变自己，才能达到最好的效果。

每天都有无数琐碎的事情需要我们去处理，不知不觉间，时间就在这些琐碎小事中消磨殆尽。很多人一到公司便开始磨蹭，面对堆积如山的工作无从下手，根本不知道应该先从哪件事情开始做起，先干干这个，再做做那个，可能就这样磨蹭一个上午都没有完成一件任务，然后下午在疲劳和烦躁中继续工作。这样的人效率低下，难以获得上司的认可和赏识，工作发展也很是堪忧。要想提高时间利用率，不妨先从眼前的小事开始，将它们按照轻重缓急进行有效区分，先完成那些重要的紧急事件，以免耽误工作。

究竟如何对工作进行排序呢？

具体来说，我们可以将手中的工作分成三大类型：第一类是重要且急迫的工作，对于这类工作必须马上处理，半刻都不能耽误；第二类是重要但不急迫的工作，这类工作虽然重要，但没有第一类工作急迫，因此可以排在第一类事情后面去，按照顺序去一一完成；第三类是无所谓的工作，这类工作可做可不做，可以选择在完成前两类工作后再完成，若是因为做前两类工作而没有空余时间，也可以去请其他人帮忙，甚至可以完全不做。

一旦我们按照上面的顺序合理分配好时间，就可以在工作中占据主动，再也不用怕被工作追着跑了。毕竟在优先完成第一类工作后，我们就有了一定的主动权，也就不用那么急迫了。

分类完一天的工作后，记得将这些安排用文字记在纸上，每做完一项工作就将它从纸上勾掉，以便确保没有遗漏重要的事件。除了工作外，在生活中我们也可以做一个日常安排表，这样可以帮我们按部就班地形成好的生活习惯。

值得注意的是，我们不仅每天要对完成的工作有轻重缓急之分，而且精力在一天的不同时间段也是完全不同的。为了确保最高效率地完成第一类工作，我们还必须了解自己的生物钟，确保在精力最充沛的时候做最重要的事情，这样才能尽可能保证较高的工作效率。

你是否有过这样的时刻：有时在工作的途中，明明前一秒还精力充沛、豪情万丈，后一秒便疲惫不堪、消极颓废。总是抱着必胜的决心准备和难缠的工作死磕到底，可决心总是被轻易动摇,冲劲总是不能坚持到底,有时不知怎么就开始感到倦怠,手中正在做的工作也往往因为受到坏情绪的干扰而被搁置一边,以致工作效率总是提不上去。

要想解决这些问题,就得先了解自己的生物钟才行。其实人在每个时期的不同状态,都会导致工作和生活节奏的快慢不同,而这也导致了工作效率的高低。

许多人不了解自己的黄金时间,总是随意安排工作,在精力充沛的时候接听一些不太重要的电话,回复一些不必要的邮件,白白浪费了黄金时间,很悠闲。等到了要做重要任务的时候,黄金时间已经过去,只能在疲惫不堪中尽力工作,精力完全跟不上。如此一天下来,虽然工作量一点儿不少,但工作效率很低下,有时为了完成工作,甚至不得不主动加班,忙到很晚,整个人身心俱疲。

而面对同样的工作,有些人就显得很得心应手。他们的工作能力倒也并非远超周围的同事,只是善于总结和计算,可以高效地利用好自己的时间,在黄金时间段抓紧时机做事,大大提高了自己的工作效率。

那么,如何才能把握好自己的黄金时间呢?下面就以我个人为例,给大家列一下我自己的"黄金时间表"。

早上身体刚刚苏醒，大脑较为清醒，可以开始进行工作计划，获取当天的重要资讯，并合理地安排好自己的工作时段。

9点到10点：黄金时期，大脑活跃，思维运转速度快，适合做一些重要的工作。

10点到11点：思维逐渐达到高峰，身体处于最佳状态。此时不能放松自己，可以将最重要的工作安排在这时。

11点到12点：身体开始疲劳，需要暂作休息。此时可以做一些轻松的工作，例如阅读回复文件、整理资料等。必要时也可以和同事谈谈工作的进程或者计划。

午饭过后，身体处于疲倦状态，需要适当休息调整，为下午的工作打好基础。

14点到16点：身体已经恢复，适合做高难度复杂计算，处理全天较为困难的核心工作。

17点到18点：精神和视觉开始疲劳，不要做思考难度太大的工作，放松精神，可以做一些体力劳动，暂时转移精神上的疲惫状态。

晚饭后，适合总结整理当天工作的内容和资料，进行第二天的计划安排。

需要注意的是，要想用好黄金时间，还得留心一些细节。

1.记录自己的生理变化,并及时做好总结。

2.将工作合理分类,并把最重要的工作安排在黄金时间段处理,切莫因琐事白白浪费这个时间段。

3.做好工作计划,有必要时根据需要随时调整。

4.坚持保持良好的工作状态,避免自己因为过度疲惫而懒散。

5.每隔一周或一月便对自己的工作进行一次整体分析,查漏补缺,给自己鼓舞打气。

6.善于借助他人的力量,以便于更合理地安排自己的时间和计划。

总而言之,所谓黄金时间,是一种可以快速获得高效率的必经之路。每个人的生物钟都有一定的差别,黄金时间也有所不同,但只要了解自己的生理状况,找到属于自己的黄金时间并合理运用好它,就必能大幅提升自己的工作效率。

鲁迅说:"时间就像海绵里的水,只要愿挤,总还是有的。"在如今的信息碎片化时代,碎片化学习、碎片化阅读让碎片化的生活方式日益兴起。时间的碎片化改变了我们学习、工作和生活的许多习惯,也对时间管理提出了新的挑战。

所谓碎片化时间,就是指在两个事务衔接时的空闲时间,该时间零散且规律性较差，往往不构成连续的时间段。

随着互联网技术的发展和电子终端的普及，我们每天总会被海量信息所包围，相应的碎片化时间也越来越多。这些碎片化时间有部分是客观形成且长期存在的，例如上下班的通勤时间，这是两个工作间的缓冲时间。不过也有部分碎片化时间是人为造成的，例如本来计划一个小时完成的工作，你在做事的时候却不够专注，一会儿回消息，一会儿上厕所，硬生生地将这一个小时切割成无数小碎片，不仅影响自己的状态，容易让自己陷入焦躁不安中，还会大大降低自己的工作效率。

每个人的碎片化时间都会有所差异，有的人集中在白天，有的人集中在晚上，还有的人甚至可能会出现周期性变化。但你可千万别小瞧这些碎片化时间，它们的可塑性极强，尤其是那些人为制造的碎片化时间，只要能够合理运用，就能提高工作效率。充分利用碎片化时间，短期内或许没有太大的改变，但经年累月、积少成多，最终必能展现出惊人的成效。

以周末为例，不少人将休息日的很多时间浪费在了睡懒觉上。工作日一般7点左右起床的，一到周六周日，便一觉睡到11点。如此算来，每周就相当于在睡懒觉上白白浪费了8个多小时，一个月下来就等于浪费了至少31个小时。如果把这些时间利用起来，那意味着每个月至少比原来能多出1天半的时间。

要想成功，就得学会做时间的主人。合理利用好碎片化时间，我们可以从下面几个方面开始做起。

1.确定碎片化时间的意义

利用碎片化时间的最大目的是让时间价值最大化，不过价值需求是因人而异的。有人利用碎片化时间背单词学知识，有人利用碎片化时间看视频放松心情，还有人利用碎片化时间进行聊天社交。因此，首先得弄清碎片化时间对自己的意义，然后才能有针对性地对其进行挖掘，规划出适合自己的利用方案。

2.分析碎片化时间的规律

每个人的生活状态不同，所产生的碎片化时间也不相同。我们需要根据自己的实际情况，进行综合分析，找出自己碎片化时间的分布规律，是早上、下午还是晚上居多。摸清自己碎片化时间的情况后，再仔细考虑、做出安排，计划好自己在这些时间里分别做些什么，尽量避免被其他事情转移注意力。要是短期的碎片化时间缺乏规律，可以拉长时间进行具体分析。

3.利用碎片化时间的方法

要想提高工作效率，首先得避免人为地制造碎片化时间，集中精力在自己效率最高的黄金时间段去做重要的工作任务。在碎片化时间段，可以选择一些时间段和灵活性强的任务进行填充，例如看新闻、听音乐等。

定下工作任务后，紧接着要做的就是将任务内容进行下一步的细化。例如，你的目标是看完一本很厚的企业管理书籍，就必须先将看书这个目标拆分细化，然后再分到每一段碎片化时间中去。除了细分任务外，你还要学会化零为整，将分散的内容整理起来，最后串成一条完整的线。只有这样，才能让知识和任务分类合并，达到理想中的效果。

专注力：战胜拖延的强大力量

每次一到节假日，就觉得自己可以彻底解放。早上赖在床上，想着不用早起，便一把按掉响个不停的闹铃，一觉睡到大中午。好不容易睡足起床，慢悠悠地洗漱过后，随便点外卖吃些东西，便接着看视频、玩游戏，尽情放纵自己……

不知不觉间一天就这样过去，到了晚上，你才想起还有工作总结没有写，草草打开文档写了几个字，便觉腹中饥饿。要不等吃完晚饭再写吧！你去厨房煮了碗泡面，习惯性地边刷手机边等水开，等泡面吃完了，电视剧还没看完。看完这集马上就写！你这样想着，情不自禁地沉浸在影视剧情之中。好不容易把更新全部刷完，已经晚上11点了。还是早点儿睡吧，明天早点儿起来写也是一样的。你犹豫了一下，便调转步伐走上了床……结果第二天又重复着同样的心路历程。

就这样明日复明日，等假期结束，又到了要上班的日子，你才突然开始感到懊恼：本来打算趁休假提前做一部分工作的，结果现在一字未动，只能继续熬夜加班；本来准备花3个月学点简单的PS技术的，结果买来的教程只看了几页，不知何时才有空去学；明明之前做好了详细的规划，设下了好些假期目标，但转身一看，自己还是一事无成。所有的目标都只是开了个头便被草草地搁置在那里，一个接一个地被拖延到"明天"，让你感到很是灰心。

问题究竟出在哪儿了呢？不是没有计划，也不是没有分解目标，而是没能一步一步地执行计划，没能专注眼前，做好应该做的那一步。归根到底，你之所以陷入拖延的状态，都是因为你不够专注。

很多人之所以习惯拖延，并非因为他们没有完成任务的能力，而是因为他们总是无法专心致志。在生活和工作中，我们总要应付来自外界的各种干扰，在完成任务的过程中，一旦你的注意力被其他事情所吸引，就会大幅度降低工作效率，以至于最终难以达到自己设定的目标，造成工作的拖延。

其实要想实现目标，最简单的办法就是按部就班地做下去。

例如你想要花半年的时间戒掉抽烟的习惯，不如告诉自己一个又一个小时地坚持下去。数据表明，利用这种方法去戒烟，成功的概率相当高。其实该方法并非要求你下定决心永远都不抽烟，只是让你下定决心不在下一个小时抽烟。一旦这个小时结束了，再把戒烟的决心放到下一个小时便可。若是抽烟的欲望逐渐变弱，再逐渐延长决心不抽烟的时间，从一个小时到两个小时，再到一天甚至一个月，最后就能完全实现彻底戒烟的目标。与该方法相反，许多想要一蹴而就、立马戒掉抽烟习惯的人，反而很容易失败，因为在抽烟欲望还很强烈的状态下，他们无法一下子就下定决心永不抽烟。毕竟对他们来说忍一时容易，忍一世太难了。

事实上，最重要的不是去看远方模糊的事，而是要做手边清楚的事。要想成功，没有捷径可言，只能脚踏实地地一步一步往前走。而细分目标，为的就是能让人按部就班地去执行，以免造成过大的心理压力。

专注眼前的每一个环节，别去考虑它到底是简单还是困难。你要做的就是先完成眼前的这个小目标，然后立刻投入下一个小目标中。若是因为觉得眼前之事困难便想着先去做别的任务，反而有可能造成长久的拖延。要相信，只要专注眼前的每一步，一直坚持下去，就会离终点越来越近。

专注力是战胜拖延的强大力量，但在工作和生活之中，往往有太多的事情会消磨我们的专注力。例如，当你打算花一个小时认真读书的时候，无论是手机的一个消息提醒、朋友的一个逛街邀请，抑或是突然想到还有一封邮件需要处理，都会打断你的思路，让你无法专心读书。

总体来看，我们可以将困扰我们无法专心的问题简单分为三类：因任务太多而无法专注的目标问题，因思维强度跟不上而无法专注的能力问题，以及因焦虑走神而无法专注的心态问题。

1. 目标问题

在工作的时候，你可能会碰到这样的场景：当你在做某个策划案的PPT时，突然有领导打电话给你，让你帮忙准备明天早上开会的资料，你不得不打开邮箱，准备把资料发给领导。就在这个时候，群里有同事通知你这个月财务结算的时间明天截止，让你赶紧把需要报销的款项拟一个表格给他，同时附上发票等报销证明。因为一系列的琐碎任务，你已经开始有些烦躁，但还是调整了心态，打算先发资料、再拟表格。就在这时，手机闹铃响了，提醒你晚上临睡前还有30个英语单词没背——这是之前你为了提升英语能力，特意给自己安排的学习任务。

遇到这种情况，我们很容易情绪紊乱，陷入焦躁抓狂，因为如此多的目标任务已经超出了处理所能承载的范围。尽管上面那种较为严重的时间冲突并不会经常发生，但在日常生活中，我们还是会陷入关于时间分配的思考中，纠结应该先完成工作，还是先业余学习，抑或先放松娱乐。

当我们陷入这种纠结状态时，实际效率往往也会大幅降低。因此要想提升专注力，高效管理时间，就必须制订一个完善的任务计划，重视自己的目标设定。

2.能力问题

除了目标超载以外，思维强度不足也常会导致我们注意力不集中，无法在完成任务的时候专心致志。

仔细思考一下，若是你在小学一年级的时候，就被迫学习涉及大学高等数学知识的奥数题目，那将是多么痛苦的一件事！况且这也是极其不现实的，毕竟大部分小学一年级的孩子之所以无法专注学习大学知识，并非是因为他们懒散或者心态不好，而是因为他们本身的知识储备和思维能力无法达到相应的水平，自然也就无法适应。

尽管没人会逼着一年级小朋友学习大学课程，但在现实生活中，我们常会遭遇这种"被迫学习高年级知识"的痛苦。当面对一些知识难关的时候，一旦长时间无法克服，我们就会灰心丧气，自然也就无法专注。

因此，专注力也需要思维能力作为基石，其中推理和类比的能力尤为重要，在我们日常工作和生活中，有很多事情都需要运用到这两种能力，对此我们也需要有针对性地进行相关的培养和训练。

3.心态问题

在完成任务的过程中，有时我们也常会因为各种各样的因素影响而陷入焦躁情绪中。例如在做策划案的时候惦记着还有工作报告没有完成，有时候就会突然开始担心如何完成工作报告：怎么办？到现在了都还没做完策划案，已经偏离计划了，过会儿要是来不及写工作报告该怎么办？

这样的担心显然并没有什么有效的意义，虽然这能警醒我们要赶快抓紧时间完成工作，但同时也给了我们一个紧张的暗示，致使产生焦虑情绪。出于焦虑和不安，我们往往会选择逃避现实，例如花费大量时间去刷手机看消息。这种逃避任务的行为最终会让我们落入一种死循环中：无法完成任务—焦虑—逃避—更加无法完成任务—焦虑—逃避……而这正是焦虑的陷阱，我们越是急于摆脱这种焦虑状态，越是容易深陷焦虑的泥沼中。

当我们为了完成大量工作而让大脑被迫进行高速运转时，就会自然而然地产生焦虑情绪。体会过在最佳状态时吸收知识的高效和输出信息的强大力量后，我们总会希望保持大脑的最佳状态，为此往往会更加拼命地逼迫自己努力集中注意力，但这种控制总是难以起效。

有时我们耗费了大量精神，想要将杂念排除以使大脑专心致志，但仍旧无法阻止焦虑情绪的蔓延。事实上，堵不如疏，一味地强行控制只会让我们更加疲惫。我们可以将焦虑感看作是泛滥的洪水，面对它们，我们不能一味强堵堰口，而是要追本溯源，找到洪水泛滥的原因。总是强迫自己集中注意力去与焦虑对抗，往往只会导致更严重的焦虑。要想控制焦虑，最好的办法是找到让自己感到焦虑的源头问题，尽力排除负面影响的因素。只有接受自己的不完美，调动积极向上的心理体验去对抗焦虑，才能跳出由焦虑感所制造的恶性循环。

在工作和生活中，影响我们的情绪各种各样。除了焦虑外，抑郁、自卑、挫折感等情绪问题都会让我们无法专注。要想避免这类负面情绪的产生和蔓延，就得先记录和分析自己的情绪问题，弄清这些情绪问题是如何产生的，然后按方抓药，调动更多的积极情绪度过自己的艰难时刻。

专注力的重要性不言而喻。我们可以通过有意识地培养和控制去提高专注力,下面就来简单介绍几个日常可行的有效方法。

1. 设定界限

在做事之前,就仔细想好自己打算花费多长时间去完成这个任务。这种界限的设定可以提醒自己集中精力专注任务,毕竟我们的时间都是有限的。

2. 一次只做一件事

定好自己准备完成的任务后,就要集中精力专心致志。在做事之前,先问问自己接下来的计划中哪个任务是最重要的,选择这件事并下定决心要专注于此,没有完成这件任务的话,不会贸然去做其他任务。

在完成任务的过程中,可以设定一些规则约束,以便能够更好地专注做事。例如,如果没有写完工作报告,就不查看手机消息。这种规则约束十分有效,在划分待办事项优先级别的同时,也在提醒自己赶紧做完手头最重要的事情。

3. 明确动机

明确自己的办事动机有助于坚定意志,帮你加强自己的专注力。明确自己究竟为何要去专注完成手里的任务,并且清楚自己若是无法专注完成任务将会有什么样的后果,这些都是对你潜意识的提醒。

第四章 摆脱拖延：行动是最好的努力

4.排除干扰

在完成任务的过程中，必定会遇到许多因素影响你的工作进程，此时如何设法排除干扰至关重要。你可以清理干净自己的办公桌，关闭各种语音通知，甚至关闭手机。如果对声音敏感且容易被不经意间的声响干扰，你还可以试着戴上降噪耳机，通过物理手段让周围的一切都静音。

5.进入状态的小仪式

习惯是一种本性，不仅反映在行动上，也会让大脑有相同的感知。有时给自己一点儿小仪式，也能帮助你迅速进入状态。例如在写工作报告之前，给自己来一杯咖啡，再打开一个新的文档，小小的仪式感说不定能让你有一个不错的开头。

6.花点儿时间去适应

如果你感到焦躁和心烦意乱，那么最好的做法就是花点儿时间去适应。让自己处于一种独处的状态，静心整理情绪。也可以试着做几次深呼吸，努力放松情绪。切记不要着急，有时越急越难摆脱负面情绪的影响，反而可能落入情绪陷阱之中。

第五章 PART 05

刻意练习：找到成为天才的方法

持续行动，从想到到做到

你是否总是陷入下面的"循环怪圈"中难以自拔。

想要减肥，收藏了无数健身视频，觉得以后能用上，后来却只是放在收藏夹里。

想要学习，趁大促销囤了图书资料，打算考前好好看，后来却没几本完整看完过。

想要旅游，详细制定了各种路线，想要放假去打卡，后来却仅仅止步于起点。

……

每次打算做什么事情，开始时想得很好，最后却总是难以达到自己的目标。"明明计划都做好了，却还是过不好这一生。"如果你一直处于这种持续开始又持续放弃的"循环怪圈"状态，那就说明，你离真实的世界有点儿远，没有找对关键，所以你的尝试才会陷入僵局。

俗话说得好，"纸上得来终觉浅，绝知此事要躬行"。人们的计划往往赶不上变化，很多时候，想象是苍白无力的，只有将其转化为行动，从"想到"到"做到"，才能真正地实现改变。

所有没能坚持下去的梦想和计划，都是因为我们缺乏持续行动的能力。

做一件事，想坚持一天两天轻而易举，要坚持一年两年就难上加难。然而没有什么成功是一蹴而就的，有时候只有持续坚持10天、100天、1000天甚至10000天，才能看到持续行动所带来的巨大改变。如果在此之前中断行动，就会前功尽弃。

在私人流量池概念还未兴起的时候，我和朋友就已经尝试做过微信公众号的运营了。那时候微信才刚刚推出公众平台，凭借"再小的个体也有自己的品牌"这一理念，吸引了众多自媒体玩家。运营公众号，其实是一个长期积累的过程。早期公众号内容少、粉丝少，阅读量自然也提不上去。这一缓慢发展期需要时间过渡，而这时间可能很短，也可能十分漫长，没有耐心是绝对不行的。这就如同钓鱼一样，你不知道下一条鱼什么时候到来，或许需要一个小时，又或许只在你离开后的下一分钟。

第五章 刻意练习：找到成为天才的方法

在运营微信公众号的时候，我和朋友也遇到了瓶颈期的发展问题。朋友因为数据增长陷入低谷而选择放弃，而我咬牙坚持了下来。不久之后，我的公众号因为某篇爆款文章迅速破圈，增长了不少粉丝，发展开始一日千里。而这篇爆款文章的选题，原本是我和朋友都看好的方向，只不过朋友提前放弃，自然也就错过了一次蹭热点的"吸粉"机会。后来朋友有意重新开始运营，可机不可失时不再来。错过一次机会的他无法预料"下一条鲷鱼"会在什么时候出现，而一无所获的苦等往往最为熬人。在继续坚持数日之后，朋友选择再度放弃，然后又一次为错过热点而惋惜不已。

我们总是在坚持的过程中不断抱怨，在放弃后的某一天又后悔不已，想要重新开始，因此不断陷入"持续行动—持续放弃"的恶性循环中，而这无异于在原地转圈。要想打破这种"持续行动—持续放弃"的恶性循环，最重要的就是培养自己的持续行动力。只有将想法变为能长久坚持的持续行动，才能走出"循环怪圈"，克服困境，改变现状，成功实现自我提升与人生逆袭。

人生就是一种持续的积累，每一秒钟的积累成为现在这一天，每一天的积累成为一周、一月、一年，乃至人的一生。与此同时，所有的丰功伟业也都是朴实工作的日积月累。很多令人惊奇的成绩背后，几乎都是普通人勤勤恳恳、一步一步持续积累的结果。

埃及的金字塔就是由许许多多无名无姓的平民百姓建造出来的，在数千年前，这些平民通过自己的双手，将切割好的巨石一块一块地搬运、垒砌，数百万、数千万的巨石组成了神秘莫测的奇迹。

除了埃及金字塔外，中国的万里长城也是人民勤劳结晶的代表。那是数朝数代人的努力，才有了现在的世界第八大奇迹。据说光秦始皇修建的秦长城就耗费了9年时间，征发了上百万劳动力。一米长城的修建，就需要耗费6000块青砖，7立方米砂浆。青砖需要人力一块一块地码好，砂浆需要人手一点一点地涂抹均匀。在雄伟壮丽的不朽基业背后，需要多少庞大的人力物力积累，由此可窥一斑。

无论是巨石还是青砖，单看都只是平凡的物品，组合起来却能成为非凡的奇迹，这就是持续行动的力量，它能够将一切"平凡"变为"非凡"。要想做到持续行动，我们可以从下面几个方面入手。

1.拒绝借口

只有付诸实际行动，才能让梦想成为真正的行动。要想实现目标、达成理想，唯一的办法就是马上行动起来。有时候我们可能会觉得自己时间不够，觉得有太多的事情要做，以至于计划好的行程不得不暂时耽搁，但其实，这些都是我们给自己找的借口，这些借口会让你深陷拖延症中。因此要想持续行动，你首先要做的就是拒绝借口，别让借口阻止你的行动。

摆脱借口有五步。

第一步：认识自我

所谓认识自我，就是要你找出生活中自己常用来为拖延行为开脱找的借口。人们的拖延行为各种各样，用来开脱的借口自然也大不相同。但总体而言，我们日常生活中最常听到的借口大抵有下面几种。

（1）"我太忙了。"

"快去把碗洗了！""等会儿再洗，我现在太忙了……"

"这个策划案做完了吗？""真是不好意思，还没开始呢，最近实在太忙了……"

无论在日常生活还是学习工作中，"忙"总能成为用来拖延任务的理由。或许这对我们来说是最容易说出口，也最容易被人理解的理由。但不知你是否也意识到，有时太忙并非因为工作任务多，也可能是因为工作效率太低。与其一直拿"忙"作为借口，不如好好努力提高自己的执行力吧！毕竟要是你一直做不好、做不完，总会有人替代你。

（2）"为什么不早跟我说。"

这是句经典的马后炮借口，用这句话，你可以很轻松地把责任推卸到其他人身上。但当你面对的是自己的上司时，这类借口可就不管用了。况且这类借口也并非万金油，如果长期使用的话，很容易失去别人对你的信任。

（3）"这件事不归我管。"

在工作中，此类推卸责任的借口并不少见。实际上，这类话术表面上将责任从自己身上推得干干净净，实际上是一种严重缺乏团队精神的表现，不仅容易招惹不满，还可能因此而被团队排斥在外。

（4）"等老板回来再说吧。"

面对客户或同级，可以利用老板的名头暂时压制住别人。但对老板来说，自己聘请员工是来解决问题的而不是将问题全都推给自己的。此类借口不宜多用，否则恐有被炒鱿鱼的风险。

第二步：付诸行动

找到自己常用的借口后，紧接着要做的就是付诸行动，用行动来戒除自己找借口拖延的习惯。试着在每次接到任务的时候告诉自己："我马上去做。"这句话会督促你立刻去完成自己的任务，大大减少拖延的时间。

此外，你还需要为自己设定好行动计划，并在计划中规定好自己的完成日期。限期是一件非常重要的事情。要知道，有时完成工作所需要的时间、精力和资源，与工作本身并没有太大的关系。该工作膨胀出的重要性和复杂性直接影响完成工作的时间，两者成正比关系。简而言之，若是你留出太多时间用来完成自己的工作，往往不仅无法提高效率，反而容易因为懒散而缺乏工作激情，导致拖延。

第三步：强化执行力

到了这一步，你的执行力已经有所提升，但偶尔还会因为执行过程中遇到的一些难题而出现拖延的念头。为了克服畏难情绪，避免放弃，你必须规定自己首先处理一些重要的任务。

我们每天需要处理的任务有很多，有人认为应该先处理那些不要紧的工作，这样有助于激励自己。事实上，这种想法实在是大错特错。如果将重要的任务拖到最后，你会发现，经过一天工作后的自己已经十分疲惫，没有足够的精力和时间去完成它们了。

我们之所以想将最重要的工作放在后面，主要是因为畏难情绪。畏难情绪会让人有意识地回避那些重要的、难度大的工作，因此，我们必须克服这种心理倾向，在处理重要工作时优先留出足够的时间和精力。

第四步：接受不完美

完美主义者在每次行动前都习惯于从头到尾地规划整件事情，然后将每个细节都一一考虑在内。其实这种习惯极其浪费时间，尤其是容易延误开始的时机。比起完美的开始，有时完美的结局更重要。接受不完美，这样可以让你有更多的时间去做完更多的事情。

第五步：养成习惯

要想摆脱拖延症借口，最后我们还得养成习惯。养成习惯最重要的是坚持，正所谓坚持就是胜利，很多事情只要坚持，最终总能完成。

2.从每天一小时开始

每个人的一天有24个小时，对于所有人来说，时间永远都是不够用的，这一点人人平等，因此不要总是指望将事情拖到第二天，想着"等我明天有时间就去做"，这种借口只会让你陷入拖延之中。

其实持续行动，并非是一件遥不可及的难事，也并不是必须要等你把所有的事情全都准备好了才能开始。我们可以从一件小事、从每天只坚持一个小时开始。一小时不多，即使再忙，每天总能挤出一小时的空余时间吧。但一小时很重要，千万别小看它的力量，只要每天持续去做一件事情，日积月累总会在行动中感受到变化，脑中也会自然而然地出现新的想法。

需要注意的是，在持续行动的初期，千万不要贪多，别因过高地估计自己坚持的能力而给自己定下太多目标。贪多嚼不烂，专心去做一件事是最佳的选择，一味追求过多的目标和计划，反而容易崩盘。

从一件事开始坚持，做好持续行动的基本功课，久而久之，自然能不断加强自身的执行力，提高协调管理能力，这样才能逐步完成更多事情，实现更多可能。

3.在新领域持续进阶

兴趣作为内在驱动力，可以促使我们开始一件事情，激发我们每天一小时的持续行动。但要是想坚持更多的时间，在新领域实现持续进阶，就必须让兴趣臣服于目标，令自己的理智和行动来完成持续行动。

（1）付出足够的前期投入

所有的事情都需要足够多的付出和努力才能看到改变。在持续行动的过程中，如果没能看到改变出现，那只能说明你前期投入的工作还不够多。要知道，盲目冒进不可取，脚踏实地才是真。

（2）在记录和复盘中成长

要想激励行动，及时做好修正，最好的方法就是每天记录、每周复盘。

每天记录下自己的所得所失，可以让我们认识到每天坚持的成果和意义，从中获得激励；每周复盘自己的想法、行动和改变，可以反思自我、升级思维、纠正错误，让我们朝着自己最准确的目标不断前进。

4.长远看待事物

在持续行动的过程中，也要注意以长远的眼光来看待事物，这是人生尺度上的持续行动准则。

（1）找准获利的方向

无论从事什么行业，要持续获利，就必须要持续满足消费者的需求和服务。对于长时间尺度的持续行动而言，找到消费者的稳定需求以抢得先机，是稳赚不赔的最有效方式。

（2）警惕庞氏骗局

在持续获利的过程中，很多人会迷失本心，陷入"庞氏骗局"中。要想始终如一,就必须牢记准则,不要只谋取利益,更要注意持续不断地提供更好的商品和服务,这样才能用它们在最终环节兑换价值。

(3)保护口碑

要想为人生长期获利,就得坚定信念,为长期利益牺牲短期利益。口碑至关重要,保护好口碑,这样才能在长久时间的尺度里屹立不倒。

刻意练习，
找到成为天才的方法

什么是天才呢？

在学习和工作中，我们总能发现有些人对自己所从事的事情格外擅长，这样的发现不禁让你大为感慨。这些在各自行业或领域表现优异的人往往被称为"天才"，似乎他们生来就比别人优秀。确实，这些人有着卓越的天赋，这些天赋表现在他们的能力上。但别忘了，天赋是一种人类与生俱来的本能，通过刻意的练习，我们也可以挖掘自己的本能，充分利用自己的天赋，从而帮助自己找到成为"天才"的方法。

从7岁开始，知名作曲家莫扎特就已经计划环欧洲旅行演出。幼年的他身材矮小，坐在钢琴前时甚至只能勉强看到大键琴的顶部，但通过对小提琴和各种键盘乐器的出色演奏，莫扎特还

第五章 刻意练习：找到成为天才的方法

是完全俘获了观众们的心。

众人为这个年幼的天才感到震惊，但事实上，莫扎特的成功并非出于偶然。他的父亲不仅是一位作曲家，也是一位音乐教师，莫扎特自幼就在摆满各类乐器的家庭环境中成长，能够准确辨别不同乐器演奏出的声调，这种能力就是所谓的"绝对音准"。

"绝对音准"异常罕见，大约在每万人中，只有1个人能拥有这种能力。在世界级的音乐家中，这种能力更为稀少——贝多芬有，约翰内斯·勃拉姆斯却没有；弗拉基米尔·霍洛维茨有，伊戈尔·斯特拉文斯基却没有；弗兰克·辛纳屈有，迈尔斯·戴维斯却没有……这一切似乎都在证明，只有少数幸运的天才才能获得这种上帝的恩赐。因此，在过去的数百年内，人们曾普遍认为"完美音高"是一种与生俱来的音乐天赋。

但事实上，根据近几十年的研究观察来看，"绝对音准"其实并非一种天生的能力。拥有"绝对音准"的人大多有一个共同特点，那就是都在极其年幼的时候就开始接受音乐训练，其年龄段一般处于3—4岁期间。此外，在讲声调语言的人群中，"绝对音准"出现的比例更大，例如汉语、越南语等亚洲语言，在这些语言中，词意由音调而定。

2014年，日本心理学家榊原彩子招募了24个2—6岁的幼童，通过数月的音乐训练，教他们通过声音辨别钢琴和弦。一旦有孩子学会辨别规定的14首和弦，榊原彩子就会测试他是否能正确地说出单首和弦的音高。研究结束后，参与训练的所有孩子都被培养出了"绝对音准"，该实验结果震惊众人，也揭示了"绝对音准"的真正特性。它并非幸运儿才能拥有的天赋，并非某种天生的特定基因，而是一种只要经过适度接触和训练就可以被培养和发展的能力。也就是说，几乎每个人都具有发展成"绝对音准"的才华。

由此可知，很多"天才"其实是后天训练的产物。通过正确的训练和练习进行创造，我们将会拥有更大的力量去掌控人生。

我们的大脑具有很强的适应性，其潜力远远超乎大众的想象。很多天才也只不过是更多运用了那部分适应性潜力，而刻意练习的目的就是挖掘并发展这部分潜力。

大脑可以通过各种方法"重新布线"，对适当的触发因子做出响应，从而构成新的神经元连接。在新连接构成之时，现有连接可能被强化也可能被弱化，甚至还可能在某些大脑部分生长出新的神经元，这些新连接和新神经元也就是所谓的"长期记忆"。

刻意练习的本质和指向正在于长期记忆。若是将这种长期记忆比作SSD硬盘，那么，刻意练习的过程就是在"赋予意义、精细编码"。刻意练习可以将信息元认知化，然后再加工储存。这样，等到我们下次需要使用的时候，就可以快速从中提取并构成思维模型。

刻意练习是有意而为之的，是人们在完全关注下的有意识行动。因此，练习者必须紧跟和自己一起练习的特定目标，以便做出及时的调整，控制练习。不过和其他类型有目的的练习相比，刻意练习也有着极为显著的区别。

首先，刻意练习需要一个已经得到合理发展的行业或领域。

换言之，在该行业或领域之中，优秀从业者必须已经达到可以和同行业领域从业者轻松区分开的水平。这些行业领域主要包括音乐、舞蹈、象棋等项目，特别是体操、花样滑冰、跳水等根据打分来评判从业者表现和水平的体育项目。

不存在或者很少存在直接竞争的行业和领域不符合刻意练习需要的条件，例如园艺爱好，以及企业经理、教师、电工、工程师等职业工作。这些行业领域中没有相对客观的标准来评价业绩，因此很难通过刻意练习累积知识。

其次，刻意练习还需要一位刻意布置练习作业的导师，以帮助学生提高练习水平。

任何领域和行业水平的提高,都遵循着刻意练习的普遍规律。要想学会刻意练习,可以从以下几个方面入手。

1. 建立目标

只有建立好目标,才能有目的地为之努力,向上不断进步。刻意练习的目标必须具体、明确、清晰,这样我们才能够朝着目标有意识地前进,而不是进行简单随意的重复。

此外,刻意练习的目标还需要尽量细化。将需要进行训练的内容拆分成若干部分,然后一个部分一个部分依次分块训练。通过细化,你更容易达到每一个小目标,更能看到实质性的进步,不仅可以随时获得成就感,保持练习的动机,还可以及时获得反馈,立刻改正错误,保持自己始终在正确的航线上前进。

2. 好的导师

要想以最快的速度进步,达到最好的训练效果,就必须有一个好的导师。你可以向有关行业的知名大拿寻求帮助,总之尽可能地接受专业人士的协助。

好的导师在练习的过程中显得至关重要,即便是世界冠军和围棋高手,也需要有好的教练在旁边辅导。优秀的导师和教练可以从局外人的视角为你提供及时的反馈,帮助你及时修改失误。

此外，根据丰富的知识和经验，导师也可以给你提供许多建设性的思路，甚至教你该领域的终极套路——思维模型。

如果在现实生活中实在找不到优秀的导师，你也可以试着通过网络来解决自己的难题。如今是互联网时代，知识的共享程度和传播速度在这个时代大大提高，在网上，我们也可以找到不少各类技能的练习方法。不过并非全部的知识都能从网上查到，而且网上的一些知识也并非准确无误，因此，你必须仔细筛选。

3.建立模型

在所有环节中，建立模型是最为关键的一环。只要找到事物背后的固定模型，根据这个模型不断进行刻意练习，就能实现最高效的训练成果。

刻意练习的主要目的就是不断在大脑中构建一系列的心理表征。心理表征就是我们大脑的某种心智算法，是一种大脑的一致性，一种集中、高级、基础的表征。以乒乓球为例，优秀的乒乓球运动员可以在对手发球的瞬间，就判断出对手发出了什么类型的球，不需计算就能准确地感应球飞来大体的方向。

心理表征可以让我们更加快速地吸收知识和考虑事情，帮助我们把握大局观，其终极形态就是思维模型。思维模型是人脑思维中的一种快捷方式，可以通过运用认知第一性原理进行构建。

4.刻意练习

在进行刻意练习的时候，必须将练习内容拆分成多个有针对性的小目标，注意拆分的细节。

练习过程中必须专注投入，专注和投入是自动化的最大敌人。尽量最大限度地排除周围一切可能造成干扰的影响因素，一心一意去做事，避免走神。压力感可以促进你的成长，让你灵感迸发、超常发挥。

此外，别忘了及时记录自己的练习过程。只有不断记录，及时反馈并改正，才能不断进步。反馈可以让你更清楚地看清自己的位置，从而更好地去了解它、改进它、实现它。发现不足之后，深究其根源，仔细反思自己失败的根本原因，然后解决它，从而获得进步和突破的空间。

5.充足的时间

没有谁能轻松地一蹴而就，在任何行业或是领域，要想成功，都需要付出多年的艰苦努力。对练习者来说，充足的时间是一种至关重要的条件。只有通过大量时间的练习，积累到一定的练习量，才能由量变引发质变，形成心理表征，达到长期记忆的练习效果。

6.保持动机

练习的过程是枯燥的，即便是人们喜欢的游戏领域，要想达到职业选手的级别，就得在手速、反应力等多方面进行有针对性的训练，每天花费大量时间进行刻意练习，而这种练习也会很无聊乏味。

要想在长时间的练习中坚持下去，不轻言放弃，就必须采取一系列可以保持动机的措施。动机带来的正面反馈可以给练习者带来极大的激励。

我们可以通过细化练习的方式获取成就感。将练习细化之后，相应的目标也会变得具体细致，更容易达成。以背英语单词为例，在前期可以不用制订过高的目标，每天背上5个就行。这种轻松且不易失败的目标就很容易实现。

仔细记录每次完成的任务，将每次的进步数据化，每实现一个小目标，就能收获一份成功的反馈。同伴的赞美和鼓励也很重要，他们能够增添完成任务的成就感。在大脑的奖励机制作用下，这种成就感将成为练习源源不断的动力。

此外，榜样的力量也是必不可少的。有目标才有前进的动力，在练习的时候可以找到一些成功案例作为自己的榜样来努力，例如，减肥时看看有哪些男神女神在打卡健身，和他们一起努力，气氛自然就有了。还可以约一群人共同练习、互相监督，学习氛围就会很有感染力。

7.突破舒适区

当练习达到一定程度时，你会很容易达到一个停滞点，在里面长期逗留而不自知。例如，马路上形形色色的驾驶员们，开了几十年车自诩技术好，怎么还是成不了赛车手呢？

一旦发现自己无法进步，就必须及时找到停滞点并努力突破。到了后期，原先精神抖擞的练习者们也会开始变得散漫。虽然舒适区很让人留恋，但只有突破舒适区，才能拥有自由。

记住，压力和专注是舒适区的天敌，专心去做事，只有专注才能获取成功。

8.知错就改

许多人虽然懂得刻意练习的道理，但还是很容易被自己的舒适区所麻痹，经常绕了一圈回来后发现自己还是在原地踏步。究其根本，是他们无法做到知错就改的毛病。

以写作为例，我知道写作不要光看书，还要去研究其他精彩的文章，从中找到套路，进行"偷师"。然而懒惰总是会让我浑身疲惫、懒得动弹，无法改正自己的陋习。

要想达到"知错就改"，求教于严师是一个非常有效的监督手段。老师能对学生起到督促的作用，一旦说作业没有写完就会受到老师的惩罚，这个代价将让我们不得不行动。

此外，把事情严重化也是十分重要的手段之一，可以促使我们迅速处理手上的工作任务。

例如，你今天没有背英语单词，若是在接下来的时间里继续找借口麻痹自己，就永远没有空闲时间，无法提高自己的英语水平，甚至永远过不了四、六级，因此可能找不到一份好工作，或者丧失一个绝好的晋升机会，最后一生碌碌无为。通过这样的严重后果来警示自己，就可以倒逼你继续完成任务，以免造成习惯性拖延。

养成自律，
实现自我改变与提升

当你躺在被窝里呼呼大睡的时候，有人早起晨跑汗流浃背。

当你歪七扭八地躺在沙发上追剧的时候，有人坚持看书学习新的技能。

当你趴在桌上"摸鱼"聊天的时候，有人将工作完成得漂漂亮亮……

同样都是面对生活和工作，为何不同的人却有如此不同的表现呢？有些人只凭借外界的力量来管理自己，无法达到自治，最后只会疲于应付。还有些人一味自欺欺人，在外做出自律的表象，一旦无人在侧，便觉得自己稍微放松一下也没关系，反正也没有人会知道。这简直是大错特错，因为自律并不是一场表演。如人饮水，冷暖自知。在无人处便开始放松的你，就像是私下里

第五章 刻意练习：找到成为天才的方法

偷吃可乐薯条的糖尿病病人，自以为做得天衣无缝，但身体指标还是会诚实呈现。

其实，自律的本质是一场对自我的思想革命。只有自发地从内心深处重视自我管理，开始自我约束，才能够真正超越自己。

人的本性就是趋利避害，因此大多数人喜欢享受安逸。但人生的意义绝不在于重复。要想实现人生价值，就必须积极地面对生活，积极地去改变现状。

我上大学的时候，班里有个很有名的同学，名叫高壮。高壮人如其名，长得真是又高又壮，站在那里就像是一堵墙，脸上的肥肉堆成一团，看不清五官，甚至走起路来都有些蹒跚。因为身体肥胖，高壮性格很是自卑，平时集体活动总是闷头闷脑地待在一边，不怎么说话，和班上同学也不怎么来往。

大学毕业后，我有整整三年没有和他见面。之后的一次同学聚会上，我的面前坐了一位高个子帅哥。我对眼前的面孔十分陌生，怎么也想不起他的名字，细问之下，才知道他就是高壮。得知此事后，我很惊讶。在我心里，高壮还是那个胖得走不动路的内向男孩，但眼前的人身材健硕，容貌英俊，谈话时也落落大方，丝毫看不出之前的影子。和他相比，不少其他上学期间身材纤瘦的男生反倒显得大腹便便起来。

217

看着眼前变得自信开朗的高壮,我忽然意识到,原来减肥并不仅仅是控制和减轻体重那么简单,而是能够让一个人获得新生的过程。班上人对高壮的变化都很吃惊,纷纷向他请教减肥的秘诀。对此,高壮只是淡然一笑,说:"其实也没有什么,只要坚持改变自己就行。"

原来高壮在毕业之后每天都要跑步,风雨无阻。天气好的时候,他就在户外跑步,刮风下雨的时候,他就去健身房跑步。刚开始的时候他根本跑不起来,甚至只能慢吞吞地走路,但随着时间一天天过去,高壮的体力不断增强,逐渐从走路到快走再到跑步,就这样一点点养成了锻炼的习惯。通过坚持跑步,高壮不仅甩掉了肥肉,拥有了健美的身材,还找回了自信,这就是自律带给他的改变。

生活中,需要我们实现自律的事情还有很多。只有建立自律意识,养成自律习惯,我们的人生才会更加积极向上。

所谓自律,就是指遵循定律并在此基础上进行自我约束的能力。这是一种平衡内在冲动和诱惑反应的能力,可以让人不被眼前的满足所吸引,而是着眼于个体的长远利益来做出注意力、情绪、行为的反应。

有人认为自律就是"压抑自己",但事实上,自律和"压抑自己"之间有着本质的不同。自律并不是一味迎合外在标准而始终压抑内在冲动,而是在外在标准和内心存在冲突时权衡利弊,从自身利益出发,做出调节与适应。简单来说,自律是个体意识受到冲突后的主动选择,而非在潜意识中完成的自我压抑。

例如,为了减肥而抑制吃甜品的冲动,就是一个典型的自律行为。该自律行为是在承认"喜欢吃甜品"的基础上进行的,只是因为知道吃甜品会影响减肥,为了达成减肥目标才放弃吃甜品的。倘若面对甜品时不承认自己喜欢吃甜品,一味地告诉自己"不喜欢甜品",并以此为动力制止自己吃甜品的行为,那就是典型的自我压抑。相比自律,自我压抑行为更容易让人陷入焦虑,最后不得不向冲动妥协。

一般来说,自律有三种表现形式:专注、对内在冲动的控制以及延迟满足。

1.专注

在面对干扰时,我们可以通过自我控制集中注意力,提高自己的工作效率,这种能力就是专注力。

2.对内在冲动的控制

对内在冲动的控制,指的是在某一情景中我们可以综合考虑潜在利弊,克服内在冲动做出正确选择的能力,该能力可以让人面对冲动时更加谨慎。

例如当吵架生气的时候,大部分人都能综合考虑暴力解决的后果,克制怒火,选择更加和平的方式解决矛盾。

3.延迟满足

所谓延迟满足,就是指人们为了长远利益不惜延迟享受,甚至牺牲短期利益的能力。该能力是一种对内在冲动的特殊控制,受每个个体自身标准及价值观的潜在影响。

相关研究表明,通过对个体4岁左右延迟满足能力的分析,可以较好地预测他们成年后自我控制的能力。幼儿时期能够做到延迟满足的人,成年后往往具有更高的自律能力,面对外界奖赏诱惑时大脑右侧额下会更活跃,而该区域正是负责控制功能的脑区。

那么,人的自律行为究竟是如何形成的呢?从心理学角度来看,个体的自律发展既受先天因素影响,也有后天因素的作用。

1.大脑功能的影响

人类在个体发育早期,只能控制一些简单的冲动,随着不断的成长发育,人们能控制的冲动逐渐复杂,所需要调动的脑功能区域也逐渐减少。

其中,前扣带皮质位于大脑额叶和情感控制区域之间,主要负责统筹协调情绪冲动与认知,可以在人们遇到挑战的时候帮助个体根据现状调整行为策略。

前额叶皮质位于前额，主要负责掌管个体的注意力、认知力，以及遵守规则、控制冲动、推理和决策的能力，而额叶皮质位于眼窝前，专门负责与"奖赏"有关的行为决策。

这些功能区域的发展时间很长，从出生就开始成长，直到成年早期还会不断地发展。因此，人们的自律力也会随着年龄的增长和大脑功能的完善而不断发展。

2.家庭环境的影响

对学龄期儿童来说，学会自律是一个十分重要的里程碑。幼时是否能得到合适的引导，影响着个体能否形成良好的自律能力。而如果母亲的自律能力低下，将会直接导致孩子的自律能力不理想。

家长在教育孩子时，如果通过语言表达出对孩子某些行为的反对意见，有助于提升孩子的自律能力，如果通过体罚来惩戒孩子，则不利于其自律的发展。

3.对重要程度的认知

对目标重要程度的认知，也会影响个体的自律行为。如果能在主观上认为某行为对实现目标至关重要，就能在诱惑中秉持初心、坚持自律。

以减肥为例，如果认为运动是减肥最重要的方式，减肥者就会积极健身锻炼，并用自律让自己保持专注。也就是说，实现目标的重点不在于方式，而在于自己认为"什么是实现目标最重要的方式"。深信自己的选择，它将帮你做到自律。

此外，依恋类型、语言环境、社会文化等诸多因素对个体自律能力都起着或多或少的影响。儿童和青少年期易受外界因素的干扰，是培养自律的关键时期，必须重视。

人最大的敌人就是自己，一个人只有战胜自己，才能实现人生的飞跃。优秀来源于自我管理，而自律正是要管理并战胜自己，和自己的天性对抗，因此极为不易。

很多人一听说自律不易，便立马打起退堂鼓，以此为借口放纵自己任性而为。实际上，自律的养成虽然不简单，但也没有我们想象中的那么难。只要你下定决心开始自律，剩下要完成的便是坚持去做而已。

坚持难吗？坚持很难，虽然坚持做一件事21天就能养成习惯，但不少人往往在开头一周就败下阵来；坚持简单吗？坚持很简单，一日三餐，每天睡觉，这些事情就算没人叮嘱，我们照样能十年如一日地坚持下来。

看到这里，有人可能会摇头不屑：吃饭睡觉是人的本能，也是必须满足的生理需求，怎么可能做不到呢？确实，正是因为意识到吃饭睡觉的重要性，所以再难我们也能坚持，厌食的人会尝试吃饭，失眠的人会努力入睡。换句话说，有时无法养成自律的习惯，不是因为你的能力做不到，而是因为你内心不够重视它。因此要想养成自律，最重要的便是先形成对自律的重视，这样才能有的放矢。

自律就是开始良性循环并且坚持下去，这件事说难也难，说简单也简单，因为自律者总是要放弃很多本能的举动和选择。例如对想要减肥的人来说，自律就意味着好喝的奶茶不能多喝，好吃的蛋糕不能多吃，时时刻刻都要管住自己的嘴巴，强迫迈出脚步进行运动和锻炼。

当然，要想实现自律，不仅需要理智上的认知，还要具有超强的自制力。所谓自制力，就是自己控制自己的能力。缺乏自制力的人往往制订了计划却又主动推翻它们，有时前一刻还雄心壮志想要获得成功，后一刻就因为放纵自己而离失败越来越近。无论是自律还是自制，都需要有顽强的毅力作为自控力。

要想养成自律的好习惯，可以从以下几个方面入手。

1.庄重的仪式感

很多人比起形式，更看重实质。诚然实质是很重要，但有时形式也不可或缺。从心理学角度来看，庄重的仪式感能够让人加强自律。以婚姻为例，大部分人结婚都需要举行婚礼仪式，通过隆重的仪式向亲朋好友宣布自己结婚的事实，这样一旦夫妻背弃婚姻，就要考虑到如何向亲朋好友交代，如何面对外界的询问和质疑，这样的"脸面"考虑可以大大增强夫妻间的自我约束。反之，如果两人在结婚时没有举行任何仪式，悄然无声，甚至无人知晓，那么他们在后续背叛婚姻时需要面对的心理障碍将会大大减少。诚然，这话并非说明婚姻必须要靠仪式来加固，只是从心理学角度分析仪式感对人心理状态的影响，以及对人心理所产生的约束力。

2.积极的心理暗示

在养成自律的过程中，我们还要给予自己积极的心理暗示。心理暗示具有强大的推动作用，积极的心理暗示可以改变你的心态，让你变得更加乐观，也更有坚持到底的决心和恒心。

3.学会扫清障碍

当在自律过程中遇到困难和麻烦时，我们还要学会扫清前进道路上的障碍。你可以找出千千万万条理由作为放弃坚持的借口去随性生活，但千万别给自己这样的机会。只要打破一次自律，懒散便会如决堤洪水一般，将你彻底淹没，沦落进拖延的深渊之中无法自拔。保持完整的自律至关重要，为此你必须每天严格完成自律的要求，不得有任何折扣或是妥协行为出现。

为了准确估算自律的效果，我们可以将自律的标准量化。例如在学习英语时，规定自己每天背诵10个英语单词，抑或规定自己每天要花半个小时去读英文刊物。这些小事看起来微不足道，但若是能在自律的支撑下坚持下来，日积月累，效果将会格外显著。

总而言之，作为自发行为，自律不能只靠外界的力量强行约束。只有从内心出发，培养出一颗强大的内心，才能真正领会到自律所带来的神奇魅力。

培养立即行动的习惯

在社会生活中，我们无时无刻不在面临着形形色色的选择，大到读书时选择什么学校、工作时选择什么职业、结婚时选择什么对象，小到早上起来后穿哪件衣服、午饭吃什么菜色、奶茶是加三分糖还是五分糖……这些选择决定了我们的生活，甚至有可能会影响到我们的一生。

面对选择，有不少人会犹豫不决，总是前思后想、衡量利弊，想要做出更好的选择，时间就这样在选择和迟疑中流逝了。事实上，我们总会耗费太多时间在选择这件事情上，而在浪费时间的同时，机会也就这么流失了。

选择困难症是造成拖延的重要原因之一，当面对困难犹豫不决而导致的拖延时，人们总会自我安慰，觉得下一次一定会更好。为此他们会选择更具有挑战性的工作，工作难度增加了，需要花费的时间也增加了，此时他们也就找到了拖延一段时间再工作的借口，结果可想而知。

要想战胜拖延，最直接的方法就是立即抉择、立即行动。别将所有的想法都只停留在想象上，更别试图准备好一切再开始，这样所有的计划都只会是纸上谈兵。立即行动吧，一秒也不要耽误。只有快人一步，方能抓住机遇。

我有一个表哥一度自称为"大忙人"，大学毕业刚参加工作时，便给自己制订了形形色色的计划安排，将空余时间安排得满满当当：除去一周五天偶尔加班的工作不说，工作日下班背英语单词充电，周六周日学习游泳锻炼健身，假期出门旅游放松……

在表哥的想象中，自己业余学习和运动锻炼两不误，不仅可以提升自己的业务水平，还能练出一身漂亮的身材，在同学聚会中让大家刮目相看。然而六七年过去了，表哥真正坚持做到的事情却寥寥无几。知名大学公开课合集躺在收藏夹里吃灰，只有开头几个视频被看完；背英语单词的计划很快被换成其他专业证书的备考；因为天气变冷游泳也泡了汤，一直等待着明年的夏天……

若说表哥不上进、不努力，似乎也不太对。没有上进心，表哥就不会去做那些计划安排，更何况他本人也确实背过几次单词，看过几个公开课视频，只是成果甚微，上班族又不比学生，没有太多的专门时间用来学习，一场临时会议、一次临时加班，都会占用下班的时间，影响计划安排。他的很多任务只能是今天缺了明天补，被打乱的计划也被不断地挪到明天后天大后天。没过多久，表哥便觉得每天的事情越来越多、时间越来越少、任务也越来越难完成。没过多久，他就放弃了原来的计划。

明明别人做这些事情都很顺利，怎么一轮到自己就总出岔子？表哥费了半天劲最后一事无成，眼看着和自己一起规划的同事都顺利达到了满意的目标，他不由感慨自己"运气太差"，觉得很不公平。

然而真的是"运气差"的原因吗？仔细审视表哥这一路的经历，就会发现他的问题根源还是拖延症。虽然他的计划看起来很完美，目标设定得也很好，但是自身执行力太差，日复一日将未完成的任务往后拖延，最后让任务累积到自己难以招架的地步，不仅没能完成目标，还消磨了自己的斗志，对自信心也造成了极大打击。

知名企业家孙正义曾说过："三流的点子加一流的执行力，永远比一流的点子加三流的执行力更好。"我们可以通过实践学会新的思考方式，却不能通过思考养成新的实践习惯。况且许多

第五章 刻意练习：找到成为天才的方法

拖延症患者不是在思考，而只是在空想。思考者边想边做，而空想者只想不做；思考者脚踏实地，而空想者盼望奇迹。

有这样一则寓言故事。

> 从前有位农夫，家境十分贫穷，整天吃糠咽菜，经常食不果腹。某天他走在路上，意外捡到了一枚鸡蛋，很是惊喜，觉得终于可以改善一下伙食了。可就在他准备吃掉鸡蛋的时候，忽然萌发了一个念头：如果可以用这枚鸡蛋孵出小鸡，然后把小鸡养大，再让养大的鸡继续生蛋、继续孵，这样鸡生蛋、蛋生鸡，不就可以得到更多的小鸡了。等鸡多了，可以开一个养鸡场，一边卖鸡肉，一般卖鸡蛋，以后可就不愁吃喝了……
>
> 他痴痴地想着，沉浸在发财的美梦中，不由拊掌大笑。就在他忘乎所以的时候，只听"啪"的一声，农夫手里的鸡蛋从他的手里掉到地上摔碎了。农夫的所有计划和想象，也全都化为泡影。

其实，许多人都能从寓言中农夫的身上看到自己的影子。我们常常满怀雄心壮志，但总是虎头蛇尾，最后成为行动的矮子，眼睁睁地错过机会。每次想要按照计划去实施，但中途总是因为各种缘由修改计划、拖延任务，总想着前面可能还会有更好的选择，结果却一无所获。

俗话说得好，计划赶不上变化。想得再好，都不如立刻去做。当遇到困难时，不要轻易退缩，一个一个依次解决，总能见到成效。只有快人一步，才能抓住机遇。要知道，行动力就是竞争力，而成败的关键就在于执行。

"一鼓作气，再而衰，三而竭。"拖延只会消耗你的热情和斗志，只有立即行动才能提高办事效率，帮你高效达成目标。

所谓"立即行动"的习惯，就是立即将思想付诸行动的习惯，它是成功的秘诀，也是完成任务必不可少的能力。当你有一些不想做但不得不做的事情，抑或无法去做自己想做的事情时，立即行动的习惯都可以很好地帮到你。

那么究竟如何才能培养立即行动的习惯呢？我们可以从以下几个方面入手。

1.接受不完美的行动条件

千万不要想着等到条件都完美了、事情都准备好了再去行动，那样你可能永远不会开始。

人生中不如意之事十有八九，总有很多事物无法达到我们满意的程度，有可能是错过最佳时机、行情不好，也有可能是竞争过于激烈、压力太大。总而言之，现实生活中很少有绝对完美的开始时间，你必须在问题一出现就开始行动，然后尝试用最快的速度去将它们处理妥当。接受不完美的行动条件，牢记开始行动的最佳时间永远是现在。

2.想到就去做

凡事注重实践，不要只是空想。如果你想开始做事，如果你有好的创意，那么现在就行动起来吧。一个想法如果无法付诸行动，那它就毫无价值，在你脑子里停留得越久就会越弱，很快细节部分就会变得模糊，直至你彻底忘却。

要知道，想法固然重要，但其本身并不能带来成功，只有被执行变成实际行动后才具有价值。如果你一直抱着"改天再说""等待好时机"的心态，再好的想法都会被你拖成泡沫，溅不起丝毫水花。

想到就去做，如果你一直不去行动，那么，你的想法也永远无法被实现。在成为一个实干家的同时，你将实现更多的想法，并在实践过程中萌发更多的新创意。

3.用行动克服恐惧

要想治疗恐惧，最好的方法就是付诸行动。万事开头难，或许在迈出第一步时你会忐忑不安，但只要开始行动，你就会逐步建立自信，事情也会变得更加得心应手起来。

4.用"立即行动"的命令建立有效反应

你可以尝试在日常生活中用"立即行动"的心态去对一些平常事情做出有效的反应，一旦潜意识中出现"立即行动"的念头，就马上让行动服从于意志，立即开始做事。

例如早起，假使你将闹铃定在早上六点钟，铃声响的时候你睡意正浓，于是顺手关掉闹钟，继续蒙头大睡，长此以往，就会养成早上不按时起床的习惯，闹铃也会被你条件反射地通通按掉，起不到任何效果。如果你接受"立即行动"的命令，一听到闹铃就立马起床，而不是想着"再过五分钟就起""再睡十分钟就好"的话，就绝不会再赖在床上。久而久之，自然也就会养成早起的好习惯。

5.机械地发动创造力

很多人总是觉得只有灵感来了才能工作，这无疑是对创造性工作的极大误解。如果你想等待灵感来了再工作，那么你的工作很可能会被无限地拖延下去。

与其等待，不如主动出击。尝试机械地发动你的创造力，如果需要写点东西，那就强制自己先坐下来写——无论开头内容是什么、写得好不好。只要开始落笔，火花就可能出现在你的字里行间中。机械化的行动可以刺激你的思绪、激发你的灵感。

6.先顾眼前

一个人的时间和精力总是有限的，尽可能地集中注意力，专注于眼前需要做的事情上，别去过度思考过去或者未来。如果你总是沉浸于对过去的懊悔和对将来的期待中，一味想着昨天本应该做些什么、明天计划要做些什么，就会弄砸手里的任务，陷入恶性循环之中，最终一事无成。

7.立即切入正题

尽量避开那些会让你分心的事物，立即切入正题，不然它们会耗费你大量的时间。一旦开始专心做某事，你就会变得更加有创造力。

我们身边总是不乏这样的人：每次都要别人一次次督促，催上十天半个月才能将任务做完；虽然每天都兢兢业业，但做的都是些琐碎事务，反而将最重要的工作遗漏；无时无刻不在工作，但最后结果却无法让人满意；遇到问题想要解决，却总是没法在第一时间高效地完成任务……

"立即行动"的习惯可以帮助我们解决拖延问题，若想将其深入到每天的工作中，就要达成"今日事，今日毕"的目标。凡是发展又好又快的世界级公司，都会奉行"今日事，今日毕"的态度，这极大程度地反映了他们的执行能力。

例如，某知名家电品牌的售后服务，就要求员工对客户提出的任何要求，无论大小，都必须在客户提出的当天给予回复，协商一致后进行处理，然后将处理结果第一时间反馈给客户。若是遇到客户抱怨投诉，也要争取在最短的时间内解决完毕，无法独立解决时要及时汇报。这种不拖延的售后服务态度大大地增加了消费者的好感度，也使该家电品牌的市场份额不断扩大。

"今日事，今日毕"，追求的就是效率和结果。之所以要强制将今天的工作在今天完成，是因为明天还会有新的工作。如果将今天的工作拖到明天，只会让任务累积，变得更重，自己也会陷入更加被动的状态中。

"今日事，今日毕"的目标可以催促你抓紧时间，立刻进入工作状态，而做到"今日事，今日毕"则能让你获得成就感，在工作中更有信心。坚持"今日事，今日毕"，不但能够确保任务的按时完成，也会让你的心情更加轻松。

下面就简单列举几条做到"今日事，今日毕"的小建议。

1.当时间允许的情况下，先让自己反复冷静思考，然后再去行动

给自己充分的思考时间，以考虑解决方案和步骤，尽量保证

"一次就做对",避免越忙越乱产生的失误。要知道,返工改错的过程中很容易出现二次失误,容易导致恶性循环,将更多人牵扯其中,造成巨大的人力物力损失。

2.做好计划后就立刻付诸行动,不要一味等待时机

好好把握现在,要知道外界不利条件在工作时可以被逐步改变,如果无法改变还可以根据实际情况调整工作计划,而一味地等待最后只会造成拖延。

3.在工作的时候全力以赴、珍惜时间

不要将今天需要完成的任务拖到明天。无论心情状态如何,早起后都要清零思想,逐步开始有规律地持续工作。

4.做完工作后,不要就此满足

对自己每天的工作都提一点进步的小要求,并努力去达到。每天进步一小点儿,日积月累,效果就会相当显著。虽然这些额外要求需要你付出更多的努力,但它会增强你的工作能力和自信心,让你在日后的工作中更加顺利。

此外,还要在工作时有远见、有计划,搜集可能对未来有用的情报,以备不时之需。

提升行动力的秘诀

一个人之所以会变得平庸,不是因为他做了什么,而是因为他什么都没有做。

有一次,我在部门开会,会后和一个同事一起吃饭。这个同事是老员工了,在公司已经待了两年时间,前不久刚被调到我手下新成立的一个项目小组工作。在吃饭的时候,同事问了我一个问题:"怎样才能成为像你一样的人呢?"闻言,我很是诧异。

这个同事告诉我,她之前一直没有什么业绩,工作两年时间,职位也不曾提升,还是和新职员一个级别的待遇。明明每天工作勤勤恳恳,却始终没有好的结果,这究竟是因为什么?细问之下,我才知道,原来每次任务,她都要花费大量的时间和精力去做准备,到最后时间紧迫,甚至很难按时完成。很显然,这是

第五章 刻意练习：找到成为天才的方法

行动力上出了大问题。

俗话说得好，说起来容易做起来难。你察觉到自己的不足之处，想要改变现状，于是拿起纸笔，开始规划将来的人生。在做计划的时候，你被巨大的满足感和成就感所包围，不由为自己制订的计划拍掌叫好，觉得自己已经清楚地知道了想要的是什么。然而之后呢？你真的能按照自己的计划依次完成每一个制订的目标吗？答案往往是否定的。行动力不足总是让你无法实现自己的计划目标，而这将直接导致你和别人之间的差距越来越大。

我身边有个朋友，不是名牌大学出身，但在短短两年时间内就坐上了主管的位置，一直被人传为美谈。其实刚开始工作的时候，朋友对这份工作并不熟悉。她大学学的是旅游专业，后来因为对自媒体运营感兴趣，毕业后就进入一家自媒体公司当实习生。

在艰难度过的3个月试用期内，朋友清楚地认识到了自媒体行业的残酷和辛苦。平台上的每一篇发文，都是无声的竞争与厮杀。刚开始的时候，朋友每天都小心翼翼，生怕工作出了什么错。因为她从来没有运营过自媒体，几乎是零基础，因此什么都要从头开始学。家人看她压力这么大，也曾劝过她辞职干回老本行，她却咬牙说自己还想试试。

为了提升自己的工作能力，朋友不断给自己充电，还专门报了线上课程，学习PS和排版设计。她就像一块海绵，疯狂吸收外界的知识。3个月之后，她的平台运营得有声有色，还意外出了几篇热点爆文，粉丝量蹭蹭直涨，最终成为项目主管。

当你对某件事情有了想法时，那就开始行动吧！世界上本就没有捷径，只有行动才能让你接近目标并获得成功。

很多人会陷入一个误区，那就是认为用时多就代表足够努力。事实上，用时多不等于效率高，很多时候，你以为的"努力"其实都是"无效努力"。

在日常生活中，无效努力的案例有不少。上学时，同班总有那么一个天才学霸，平时不怎么见他学习，但每次考试都名列前茅；工作时，也总能遇见那么几个同事，平时从来不加班工作，但每次业绩都相当喜人。你为此很是不解，觉得老天不公：明明自己这么努力，熬夜加班，但和人家的差距还是这么大，难道是自己的努力还不够吗？你开始怀疑自己。

事实上，这时的你已经陷入了一个思维怪圈：成果不好，一定是自己不够努力。但是继续照着自己的方式"努力"有用吗？或许有，但更大的可能是让你陷入进一步的恶性循环之中。

努力不等于成功，太多人打着努力的旗号做着无用功，然后陷入自我感动之中。但事实上，缺乏效率的努力只是浪费时间和精力，有时花费许多时间还比不上别人在短时间内所达到的成就。那么究竟怎样才能提高效率呢？

首先，你必须设立简单又易实现的目标。

有些人怀揣雄心壮志，在设定目标时想得很是长远，结果到了要实行的时候才发现竟不知从何下手，最终一事无成。在设定目标时，必须考虑到目标的可行性，尽量将其简单化，学会做减法。简单的目标容易实现，能给予我们成就感，让我们有继续坚持的动力。

其次，在遇到困境时，要主动去解决问题。

当你的工作发生变化时，会发出一些细微的信号。只要能够正确接收到这些信号，你就能根据实际情况进行调整，及时扭转局面。然而要想正确地接收这些信号，需要长期的工作经验。必须积极实践，在遇到困境时及时调整自己的状态，积极主动地去解决，这样才能顺利渡过难关。

最后，要学会与时俱进。

无论是学习也好工作也好，我们都要学会与时俱进，更新自己的学习方式。旧经验能带给我们许多便利，但它并不是万金油，有时仅凭旧经验是无法顺利完成任务的。

工作中没有绝对合适的方程式，因此要不断学习、调整状态，这样才能更好地去适应发展与变化。

只有行动可以终结拖延，不管目标再远大、计划再完善、决策再正确，如果没有高效的行动，最终的结果都将是拖延。然而有时我们常常心动了，却无法行动。明明有许多好的想法，但出于种种原因却没有去做。是什么在影响我们的行动力？总结来看，阻碍我们行动的情况有以下几种。

1.动机不够强烈

很多时候，我们的许多想法，也仅仅是想想而已。在主体看来，这些想法如果能够实现自然最好，无法实现也没有什么关系，如此自然就缺乏动力，导致实施困难。

针对这种情况，我们必须明确自己真正的需求。只有当想法符合需求时，才会有足够的动力去行动。

2.目标不够明确

有时候我们的想法太多、太广，以至于自己都分不清自己到底想要什么，一路丢西瓜捡芝麻，什么都想要，最后什么都得不到。

对于这种情况，我们必须明确自己到底想要什么，然后确定好方向，无论遇到什么其他因素都不再改变。

3.习惯拖延

无论是想克服不良习惯，还是想实现人生目标，都必须付出一些努力，为此也需要面对一些不良刺激。面对不良刺激，人们总是下意识地选择逃避，为此不惜找出各种理由来搪塞，用来延缓行动的实施。久而久之，拖延渐渐成为一种习惯。当他们意识到的时候，就会发现挣脱拖延有多么不容易。

对于这种情况，我们必须找出自己拖延的根源，并时刻提醒自己不要找借口，养成"今日事，今日毕"的习惯。

4.自律性不强

人们的性格习惯各不相同，有时有些人明明知道自己该做什么，却总是无法控制自己，懊恼生气但又无可奈何。

对于这种情况，我们首先必须下定决心，然后在他人的监督之下努力修正。

总而言之，行动是成功的秘诀，可以让你离理想更进一步，因此，提升行动力也至关重要。究竟如何才能提升行动力呢？我们可以从以下几个方面入手。

1.平衡思考与行动

在行动之前，往往需要思考规划。如果不思考，很容易导致效率低下，甚至走错方向；但思考过多，又会浪费时间精力，影响行动力，因此，把握好思考和行动的节奏至关重要。

（1）避免过度思考

从某种程度上来说，过度思考、过度准备都会导致拖延，这种行为看似理性，实际上却浪费了大量宝贵的时间，往往会错过机会。

回想一下，多年以来，你曾有过多少梦想？这些梦想又有几个能够实现？有时候想得越多、顾虑越多，也就越不敢行动。为了一个小的细节反复琢磨，这样不仅耗费时间精力，还容易产生大量的负面情绪，让你筋疲力尽。如果在思考一件事时，发现自己已经很久没有更好想法的话，那就说明你需要开始行动了。

值得注意的是，以往的一些成功或是失败的经验教训也可能对我们造成影响，产生对未来的消极情绪和负面影响，从而造成过度思考。

（2）设定最后期限

分清问题的主次，给自己设定一个最后期限，以控制思考的时间。如果决定用三天时间去考虑一件事情，那么三天一到就要立刻开始行动。

（3）不要指望进入"最佳状态"

永远不要指望进入"最佳状态"后再开始行动，那样只会在漫长的等待中陷入拖延。事情往往无法尽善尽美，考虑得差不多了，就应该立刻着手行动。在行动的过程中，我们可以一边学习一边尝试，边行动边改进，逐渐让自己变得完善起来。

（4）一旦开始做，就别想太多

做事之前可以仔细考虑规划，但一旦开始行动，就别去想太多，尽可能地将注意力全都集中在解决困难和问题上。多余的无关事物只会影响你的情绪和行动力。

（5）限定思考范围，分清主次

有时选择太多也会让人陷入纠结，从而耗费过多精力，给自己的行动增加负担。如果你正在研究绘画，就别节外生枝，在书法上浪费过多的时间。

因此，面对过多的选择，我们必须限定思考范围，学会取舍和过滤，分清主次。

2.拒绝外界干扰

在做事情的时候，身边难免会出现一些质疑和干扰的声音。不要理会这些，坚定专注自己的选择。如果因为这些干扰而无法专注，不仅行动力会大幅下降，还可能产生自我怀疑的情绪，丧失信心。

3.多给自己一些积极暗示

成就感可以给人带来更多前进的动力，多给自己一些积极的暗示，也能提高你的行动力。

多夸夸自己，清晨和睡前可以默念几声"我能行"，开始行动时可以暗示自己"这是一个好的开始"，有所进步时可以鼓励自己"更靠近梦想了！"

在适当的情况下，我们也可以给自己设置一些小奖励，用来激励自己完成目标任务。

4.经常回顾思考

很多人虽然每天都忙忙碌碌，但总觉得自己过得碌碌无为，感觉很是迷茫无力。此时不妨为自己写个总结，回顾之前的学习与工作，详细列出这段时间自己完成了哪些任务、浪费了多少时间，经常回顾才能更好地向前。这种周期性整理可以让你明白自己的任务进度，让你知道自己的不足之处并加以改进，从而大幅提升个人的行动力。

5.寻找监督者

如果你的意志力实在不足，没有充足的动力去完成任务，不妨试着找一个监督者来帮助你工作。这个监督者可以是你的家人，也可以是你的朋友，让他们监督你的行动并随时提醒你。如果任务完不成，监督者可以给予一定的惩罚。